アニマルテクノロジー

Animal Technology

佐藤英明

東京大学出版会

Animal Technology
Eimei SATO
University of Tokyo Press, 2003
ISBN4-13-063322-8

はじめに

英国ロスリン研究所で誕生した「クローンヒツジ」、すなわち体細胞クローンによって生まれたヒツジが広く話題になっている。すでにおとなとなった6歳のヒツジの乳腺の細胞を卵子と融合させ、体細胞クローンを誕生させたことは、最近のアニマルテクノロジーの進展のなかでも、もっともインパクトのある成果である。アニマルテクノロジーの研究において、「クローンヒツジ」が誕生したこの一九九七年は特別な年として長く記憶されるだろう。

このような「クローンヒツジ」は、優れた家畜の増産という動機にもとづいて生み出されたものであるが、この誕生の背景には、アニマルテクノロジーの開発の歴史がある。家畜生産が進むにつれ、畜産学や獣医学が充実し、これらは育種、繁殖、飼養、衛生、管理、伝染病、病理、治療などに専門化され、多くの実用技術を生み出し、産業の発展に貢献してきた。一方、精子や卵子の操作技術がアニマルテクノロジーの実用技術とドッキングし、努力の結果、「クローンヒツジ」が誕生したのである。研究はその後も進み、体細胞クローン技術は、遺伝子操作などと結びつき新たな技術開発に向かっている。そして、このような技術によって、家畜の改良や優良家畜の増産が進むとともに、ヒトの臓器移植や不妊治療などの医療分野にかかわる新しい動物産業が誕生しようとしている。

しかし、アニマルテクノロジーには悩みもある。負の蓄積もある。家畜の排泄する廃棄物、牛海綿状脳症（BSE）など家畜やヒトを脅かす病気、家畜を殺して生きることへの疑問などである。

このようなフロンティアと負の側面の狭間にアニマルテクノロジーの研究者は生きている。マイナスを克服し、フロンティアを語り続けるために、いま、アニマルテクノロジーの研究者はなにを考えなければならないのだろうか。

本書は、ひとりの研究者の目をとおしてみたアニマルテクノロジーについて書いたものである。もちろん、アニマルテクノロジーのすべてを語り尽くしたわけではない。しかし、なにを考えなければならないかについて答えを出そうと試みたつもりである。細部には、よりていねいに記述しなければならない内容も含んでいるが、ひとつの考えと受けとめていただきたい。アニマルテクノロジーに、そしてヒトと動物の関係に関心のあるすべての方々に読んでいただければ幸いである。

二〇〇三年九月三〇日

佐藤英明

アニマルテクノロジー／目次

はじめに

第6章――アニマルテクノロジーの未来　その挑戦と責任

アニマルテクノロジー

第1章 アニマルテクノロジーの系譜——その誕生と展開

私たちのまわりには、家畜とよばれる動物がいる。家畜とは、ヒトによって管理されるようになった動物をさすことばであるが、ヒトは長い年月をかけて野生の動物を飼い慣らし、改良し、そして、いま私たちが目にする従順な家畜を生み出し、乳、肉、卵、毛、皮などを生産する畜産業という産業をつくりだしてきた。そのなかで、ヒトは家畜の生産・飼育、さらに病気の治療・予防についての知識や技術を蓄積し、畜産学や獣医学という学問を誕生させた。

しかし、いま畜産学や獣医学には、新しい大きなうねりが押し寄せている。人工授精や受精卵移植に始まった技術と、生物学の新しい進歩によってもたらされた技術がドッキングし、家畜の改良や優良家畜の増殖にとどまらず、新しい価値を家畜に与えようとしている。さらに、牛海綿状脳症（BSE）はじめ、家畜の新しい病気が登場し、これを制圧できるかどうか獣医学の知識と技術が試されている。このように畜産学や獣医学は、大きな課題を抱え、未踏の分野に足を踏み入れつつある。

1　畜産学・獣医学とアニマルテクノロジー

畜産学は、家畜を生産・飼育するために必要な知識と技術を体系づけた学問である。家畜の改良、増殖、栄養、衛生などの分野に専門化され、それぞれの分野において実用的技術が生み出され、畜産

表 1.1　畜産学と獣医学の研究分野名．畜産学は東北大学農学部応用動物科学系，獣医学は東京大学農学部獣医学科（応用動物科学専攻の獣医学関係分野を含む）における研究分野名．

畜産学	獣医学
動物生理科学（家畜生理学）	動物育種繁殖学
機能形態学（家畜形態学）	獣医解剖学
動物生殖科学（家畜繁殖学）	獣医生理学
動物栄養生化学（家畜飼養学）	獣医薬理学
動物遺伝育種学（家畜育種学）	獣医微生物学
動物微生物学（家畜衛生学）	獣医公衆衛生学
動物資源化学（畜産利用学）	比較病態生理学
陸圏生態学（草地利用学）	獣医病理学
資源動物群制御科学（家畜管理学）	獣医内科学
	獣医外科学
	実験動物学
	獣医臨床病理学
	応用遺伝学
	獣医生化学
	獣医動物行動学

かっこ内は畜産学科時代の名称．

業を成り立たせてきた。獣医学においても、また、家畜の病気治療や予防を目的として生み出された知識と技術がひとつの学問体系をつくりあげてきた（表1・1）。畜産学と獣医学は、このように異なった知識と技術の体系をもつものであるが、研究や技術の応用においては、共通の領域を多くもっている。たとえば、病気の予防については、獣医学のみならず、栄養や衛生など、畜産学の分野にも深く関係する領域がある。また、家畜の増殖の技術などには、畜産学と獣医学が共同で生み出してきたものもある。このような畜産学や獣医学が生み出してきた技術を総称して、私はアニマルテクノロジーとよんでいる。

2　家畜生産の誕生

ヒトはどのようにして家畜を誕生させ、家畜の生産物を得るようになったのだろうか。そして、どのように畜産学や獣医学を生み出し、現代の家畜生産に応用されるようなアニマルテクノロジーをつくりだしてきたのだろうか。この疑問に答えようと歴史を振り返れば、そこには、人知れず続けられたヒトのたゆまぬ努力の跡がみられる。

食物連鎖の頂点に立つ知恵

生物は、「食う」か「食われるか」でつながる食物連鎖のどこかに位置づけられるが、ヒトは食物連鎖の頂点に立っている。私は、食物連鎖の頂点に立ったことが、ヒトが現代のヒトに成長するうえにおいてもっとも大きな出来事であったと考える。それが起点となってヒトは大きく進化した。弱々しい動物のひとつの種にすぎなかったヒト（猿人）が動物との関係に勝利し、どのようにして食物連鎖の頂点に立つことができたのだろうか。

動物は食物を摂取し、栄養とし、成長し、子孫を残し、老化し、そして、死に至る。ヒトも動物も生きて子孫を残すために、一生食べ続けなければならない。食物をみつけなければ死に至る。しかし、食物連鎖でつながる生物社会にはきびしいおきてがある。「食う」ためには「食われる」ことも覚悟しなければならない。かつてのヒトと動物は、まさしく「食う」か「食われる」かの関係にあったであろう。餓死の恐怖と「食われる」恐怖のなかでヒトは生きていた。

そのようななかでヒトは、獣（動物）をどのようにみていただろうか。私は、ヒトは「自分を殺して食べる動物」と「自分を殺すかもしれないが食べはしない動物」「自分を殺しも食べもしない動物」、そして「食糧になる動物」「食糧にならない動物」に分け、その組み合わせによって動物をみていたのではないかと考える。ヒトは絶えず「食う」ための知恵、「食われない」ための知恵を研ぎ澄まさなければならなかった。「自分を殺して食べる動物（肉食動物）」からは逃げる知恵と危険になったときには戦う知恵を身につけたであろう。一方、「自分を殺すかもしれないが食べはしない動物」や「自分を殺しも食べもしない動物」には特別な知恵を働かせた。あるときは共生し、食物として狙う動物を共同で捕獲したり、また、あるときはみずからの食糧として「食べる」ために近寄った。このようななかで獲得した知恵は、安定した「食」の確保と「食われる」ことのない安心の獲得を目指した。安定と安心を強く求めたとき、ヒトは、その知恵をより鋭く磨き始めたのである。

ヒトの食性は、どのようなものでも食糧とする雑食性といわれる。雑食でも植物食に近い雑食である。このような雑食性を、ヒトはどのようにして支えてきたのだろうか。山野で採集できる植物やその実を食糧とし、また、後代にあっては栽培による植物生産により食糧を得てきたが、動物を射止め食糧とすることは、たとえ「ヒトを殺しも食べもしない動物」であったとしても、危険な作業をともなう。ヒトの体格をみると、大きな獣（動物）と直接対決して勝つことは、なかなかむずかしかっただろう。そのようなことから、植物食が確保されるようになると、危険を犯してまで狩猟によって動物を射止めることなどしたくないのが本心であった。しかし、ヒトは力強く生きるために狩猟が必要であった。植物食を補う食糧として動物を捕獲したのみならず、健康であるため、あるいは積極的に力強さを得るための栄養源として必要であったと想像される。

最初は肉や内臓を食することから始まったに違いない。肉や内臓はもっとも栄養価の高いタンパク質である。このような知識は自然に蓄積されただろう。長い間、生肉を食し、その後、火を使うことができるようになってからは、焼いたり、煮たりした肉が食された。焼くことによって消化もよくなり、栄養価も増した。すなわち、引き裂いて生肉を食べていたヒト（猿人）は、火の利用を覚え、肉を焼いたり、煮たりし、食物を味わいながら食するヒト（原人）になった。一方、効率よく動物を捕獲したり、捕獲した動物の体を解体したりするために、道具をつくる知識を生み出した。数々の道具を生み出し、それらの道具を使いこなしてきた。そのようななかで、食糧としてだけでなく、皮や角、骨なども利用するようになったのである。そして、動物を捕獲する道具、殺す道具、解体する道具、保存したり加工したりする道具を生み出すとともに、絶えず道具の改良を重ね続けたに違いない。

猟師という職業がある。かれらと行動をともにすると、道具が誕生した背景と経緯が想像できる。猟師の狩猟用具はきわめて多様である。狩猟用具、着装具、処理加工用具、狩小屋関係用具、信仰用具など、ある調査によれば五〇〇点を超える道具がリストアップされている。わなや飛び道具についても、それらを自分の使い勝手に合うように改良する。また、道具を用いて動物を捕獲するには、動物を知らなければならない。わなを渡され、仕掛けてみても、素人には、まず動物を捕獲することはできない。鉄砲をあやつる技能があったとしても、撃ち獲ることはむずかしい。どれが獣道で、その獣道をどのような動物が、いつどのような方向に移動し、どこで休息したかを推測できなければ、わなを仕掛けて動物を捕獲することはむずかしい。有効に鉄砲を撃つこともできない。腕のよい猟師とは、まさに動物を知る人である。このような現代の猟師にみられる知恵は、進化しつつあったヒトにおいて徐々に獲得され、かつ研ぎ澄まされたものになったのだろう。さらに道具を改良し続け、自分の命を狙う大型の動物をも射止めることが可能になった。このように長い年月をかけて優れた知恵を生み出し、弱々しさを道具で補うことによって、動物に対し、大きな力をふるうことが可能になった。そして家畜が誕生する。

家畜の誕生

ヒトはおそらく、自分たちの生活の場に近づく動物を捕獲したり、狩猟中に子どもを捕獲したりして、動物の飼育を始めたのだろうが、ヒトと食物が競合しない動物、なかでもヒツジやヤギなどが最初に家畜の候補となったに違いない。ヒトが食糧にできない植物を餌として成長するヒツジやヤギは、きわめて都合のよい動物と考えられるようになった。さらに、ヒツジやヤギはヒトを殺すことのない動物でもある。このような関係のなかで、ヒトは動物の特徴をみつけ、知恵を働かせて、それらを支配下におき、ともに生活する家畜を生み出した。長い年月を生きてきたヒトは、地球上の多くの動物と遭遇したことだろう。そして、ヒトは、一度はそれらを飼育しようとしたことがあるに違いない。しかし、その適性によって選抜し、一部の動物のみが飼育されるようになったと考えられる。長い歴史のなかでヒツジ、ヤギ、イヌ、ブタ、ウシなどが有用な動物と評価され、家畜として繁栄することとなったのである（表1・2）。

家畜化された動物のなかで、とくにヒトときびしい関係にあったのは、イヌの祖先といわれるオオカミではないだろうか。オオカミはどう猛な肉食動物であり、親しい間柄であっても、なにかのきっかけがあれば野生に戻る。このようなヒトを殺す可能性のある動物を身近におき、生活する自信をも

表 1.2　世界で飼育されている家畜の分類.

門 綱	目	科	野生原種学名	家畜名
脊椎動物門	齧歯目	テンジクネズミ科	*Cavia porcellus*	テンジクネズミまたはモルモット
哺乳綱		ネズミ科	*Mus musculus*	ハツカネズミまたはマウス
			Rattus norvegicus	ラット
	ウサギ目	ウサギ科	*Oryctolagus cuniculus*	ウサギ
	食肉目	イヌ科	*Canis lupus*	イヌ
		ネコ科	*Felis silvestris*	ネコ
	奇蹄目	ウマ科	*Equus przewalskii*	ウマ
			Epuus asinus	ロバ
	偶蹄目	イノシシ科	*Sus scrofa*	ブタ
		ラクダ科	*Lama vicugna*	ラマ
				アルパカ
			Camelus bactrianus	フタコブラクダ
			Camelus dromedarius	ヒトコブラクダ
		シカ科	*Rangifer tarandus*	トナカイ
		ウシ科	*Bos primigenius*	ウシ
			Bos (Poephagus) mutus	ヤク
			Bos (Bibos) javanicus	バリウシ
			Bos (Bibos) gaurus	ガヤール
			Bubalus arnee	スイギュウ
			Capra aegagrus	ヤギ
			Ovis ammon	ヒツジ
鳥綱	ガンカモ目	ガンカモ科	*Anas platyrhychos*	アヒル
			Cairina moschata	バリケン
			Anser cygnoides	ガチョウ
			Golumba livia	ハト
	ハト目	ハト科	*Coturnix coturnix*	ウズラ
	キジ目	キジ科	*Gallus gallus*	ニワトリ
			Meleagris gallopavo	シチメンチョウ
			Numida meleagris	ホロホロチョウ

てるようになった知恵は、ヒトの進化において特筆すべきである。オオカミの家畜化は比較的早く、考古学によると約一万年前ごろと推察されている（図1・1）。このことは、その時点でヒトの知恵が動物の知恵をはるかにしのいでいたことを示す証拠でもあるだろう。

簡単な問題を解決し、徐々に困難な問題の解決に向かうのが歴史の流れである。したがって、まず、「食糧になる動物」のなかで「自分を殺しも食べもしない動物」に向かい、つぎに「自分を殺すかもしれないが食べはしない動物」となり、最後に「自分を殺して食べる動物」へと心が向かうように考えられる。すなわち、まず草食動物のヒツジやヤギの祖先を手なづけ、そしてウシやウマ、つぎにイノシシ（雑食動物）、オオカミ（肉食動物）へと対象が移ったと推察される。しかし、実際はそうではない。ヒツジ、ヤギとほぼ同時代にイヌが家畜化されている。その後、イノシシ、ウシ、ウマなどと続く。これはオオカミやイノシシがもつ独特の性質にもよると考えられるが、私には、オオカミを

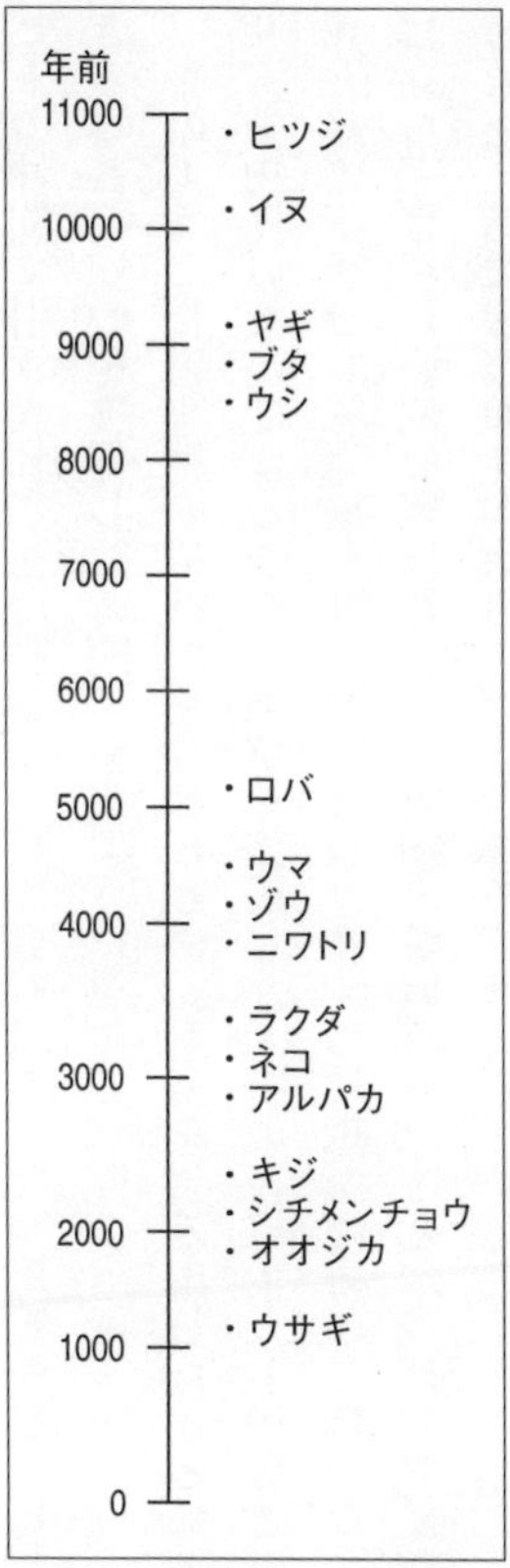

図 1. 1　家畜化された年代.

ヒトの仲間に引き入れ、利用することができるようになったときが、ヒトが動物界の頂点に立ち、生きることの安心を獲得した時期であるように思える。

このように食物連鎖の頂点に立つとともに、家畜を生み出したことにより、ヒトは特別な存在となり、動物界のなかでゆるぎない地位を獲得した。その後、主人と従者という関係のなかで、家畜の知恵と絶えずきびしくぶつかり、ヒトはより多くの知恵を獲得し、賢くなっていった。食物連鎖の頂点に立ち、さらに優位な地位を求めて動物と競い合ったことが、ヒトをよりヒトにした。私は、そのようなところに家畜誕生の大きな意義があると考える。

家畜をみる目の複雑化

植物栽培には、それに適した土地が必要である。植物栽培によって穀物を生産するには、山林や原野を開墾しなければならない。木や雑草の生い茂る土地を人力で開墾するには、多くの労力を必要とした。そのようななかで、ヒトは家畜を開墾に用いることを考え出した。そして、土地を耕すために「犁」という道具を生み出し、改良し、家畜の力を引き出すことに成功した。これによって農地を急速に拡大することが可能となり、ヒトが生活できる土地も拡大した。このようななかで、ヒトは、家畜の糞尿が肥料として働き、穀物の増収をもたらすことも知るようになった。動力としての家畜と、その動力を有効に使う「犁」を生み出し、家畜の糞尿を肥料とする考えは、ヒトの生活に大きな影響を与えることになった。このような考えが、本格的な農業のはじまりをもたらしたといえる。

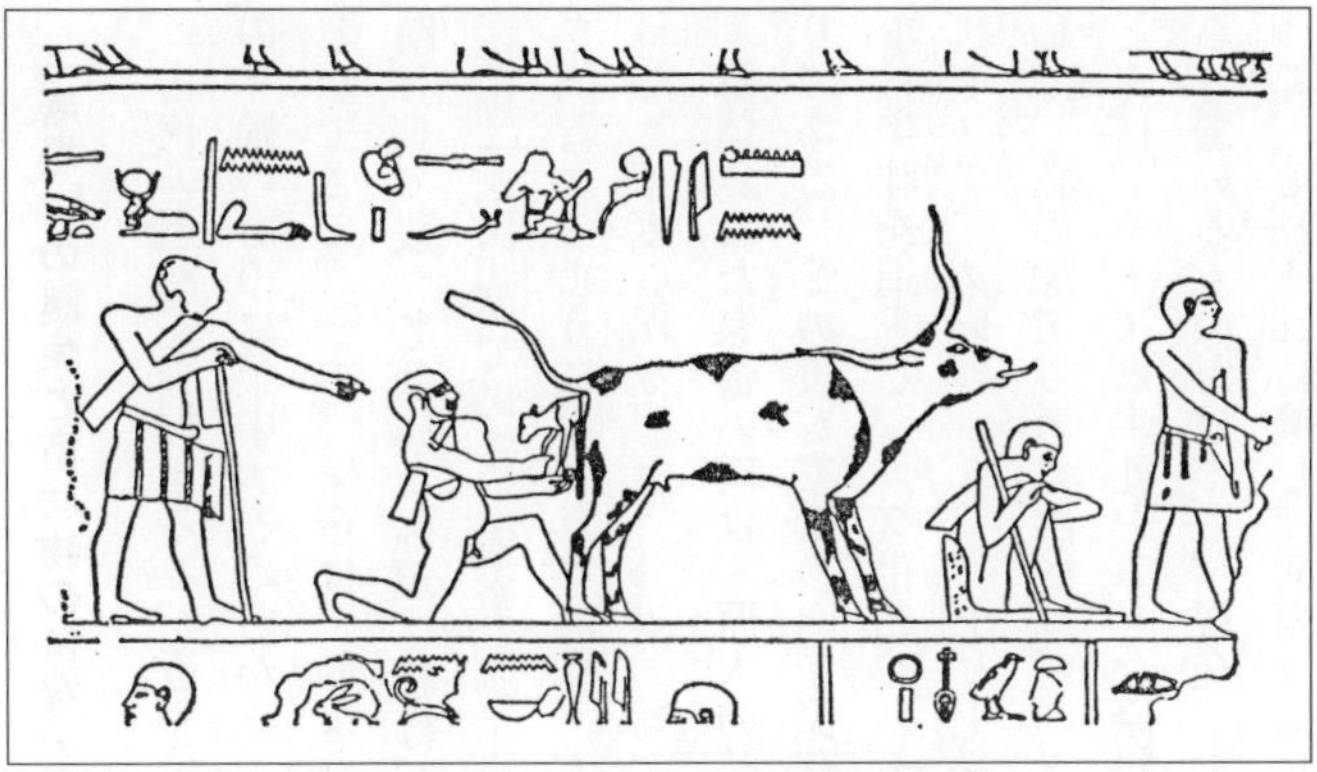

図 **1.2**　古代エジプト壁画にみる雌ウシの出産と助産.

ヒトは道具を使うことによって、動物に力をふるい、家畜を誕生させ、食糧を得たが、家畜をみずからの分身として使う知恵を生み出すことによって、家畜を「育てて食べる」、あるいは「育てて食物を得る」という考えに加えて、家畜を仲間として「大切に扱う」という心を芽生えさせたに違いない。そして、病気になった家畜を治療しようとする考えが生まれ、病気の診断や治療についての知恵が誕生した。家畜は病気にかかる。深刻な病気の家畜は殺したであろう。簡単な病気については、治療することとしただろう。古代エジプトの壁画には、骨折の治療や分娩の補助などが描かれている（図1・2）。獣医学のひとつの出発点には、家畜に対する愛情があったと私は想像している。

さらに、家畜と触れ合うなかで、ヒトは家畜のもつ多様な特性をつかみ、それを生かし、戦闘、祭典行事、愛玩・鑑賞、闘牛・闘犬、競馬などを生み出し、多くの文化を築き、現代社会の基礎をつくったのである。

「屠場」の誕生と畜産物の保存・加工技術

古代の遺跡を発掘すると、近くには動物の骨の捨て場がみられる。家畜化された動物の骨は、特定の年齢のものに集中することから、家畜飼育の始まった年代は骨を調査することによって推定することができる。一方、家畜はどのように殺され、解体されたのだろうか。骨の捨て場のように明確な遺跡として残ってはいないが、私は、多くの集落には家畜を殺す場があったに違いないと想像する。「屠場」の原型である。家畜を殺すには技術がいる。道具も必要である。そのようなことから、家畜を飼育するようになった集落は、人々が協力して家畜を殺し、解体し、食糧とする場をもつようになったと考えられる。

解体された家畜の肉は、原人の時代から、火を通して食されるようになった。食肉の加工のはじまりである。その後、家畜の肉を保存したり、美味を求めて加工がなされることとなった。そして、ヒトは美味を追求し、食文化ともいえる文化がつくられるようになった。いまでは、食肉からは、ハム、ベーコン、プレスハム、ソーセージなどがつくられ、それぞれの国や地方の味を特徴づけている。そして、乳の加工も考え出され、バター、チーズ、アイスクリームなどがつくられるようになった。たとえば、チーズは牛乳をおもな原料としてつくられるが、ヤギやヒツジの乳も使われている。名の知られているものだけでも、現在、世界には八〇〇種以上の種類がある。このような用途の多様化によって、それぞれに適した家畜を探し、より都合のよい家畜をつくりあげようとする心が誕生した。

家畜改良に向かう心と心の葛藤

動物は必死に生きている。殺す意志をもって動物に近づけば、柔和な動物も凶暴となる。これは当然のことであるが、このような困難を克服しなければ、動物を支配下におき続けることはできない。かつてのヒトには、殺して食べることを目的に動物を飼う生死をかけた知恵が必要であった。囲いをつくったり、子どもの行動に刷り込みをしたり、餌で欲望をコントロールしたりしただろう。知恵の戦いに勝ち、もはや逆転がない状況になったとき、すなわちヒトに反逆しない家畜が誕生したとき、ヒトの心には二つの重要な変化が現れた。ひとつは家畜をより都合のよい動物に改良する、つまり品種の開発・改良に向かう意欲と、もうひとつは相手（動物）を思う複雑な心の誕生である。

食物連鎖の頂点に立ち、さらに家畜を誕生させたヒトに複雑な心が誕生したのはどうしてだろうか。家畜とヒトとは心が通じ合うことが多い。心通じる家畜を殺して食することに心理的な葛藤が芽生える。土地を開墾し、耕すために飼育した家畜でも、年をとり、能力が低下すると殺す道を選んだことだろう。そして、食糧としたに違いない。ヒトは、家畜を殺しながら生き続けなければならない自分の存在を自省し、不条理を理解しただろう。このようなことを契機にヒトは内省的になり、思考が多様化し、抽象化した論理が芽生えたのであろう。

3　家畜生産に関する知識の蓄積

家畜が誕生し、家畜生産がヒト社会で大きな位置を占めるようになり、ヒトの心も複雑となるにつれ、ヒトは家畜をよりていねいに観察するとともに、より強い想いと要求をもつようになった。とくに、よりよい家畜をもちたいという欲求が生まれ、その強い欲求によって家畜生産が突き動かされることとなった。そして、その欲求を実現する知識と知恵が誕生するようになる。どのようなことが起きたのだろうか。

遺伝の意識化

家畜をより都合のよい家畜に改良しようとする考えは、その後、どのように進んだだろうか。家畜が誕生したころには、すでに植物栽培も行われていた。ヒツジやヤギは植物栽培のむずかしい土地に生える草などをエサとするので、ヒトにとっては飼育しやすい動物であった。作物栽培による収穫は気候に影響される。気候変動により凶作になる年もあっただろう。そのようなとき、ミルクを出し、万が一のときはそれ自体の肉が食糧となる家畜は、まさに“livestock”であった。このようなことは多くの家畜に通じるものである。ヒトは自分たちに都合のよい特徴を、より現実の生活に合ったものにしようとしたに違いない。

一方、現実が家畜の改良を促したとも想像できる。人口が増え、いつ得られるかわからないような狩猟の獲物だけでは量的に不足するようになった時点で、動物の飼育が本格的に考えられたのかもしれない。さらに人口が増え、生活圏の拡大が必要になり、気候のきびしい土地に移動しなければならなくなったとき、ともに歩む動物は不可欠のものであっただろう。食糧や生活物資のストックとして、あるいは警護役として、あるいは心の支えとして大切なものであったに違いない。このようにヒトの生活が安定し、多様化したとき、家畜はそれぞれの特徴を生かした飼い方がなされ、特徴をより強め、多様な家畜を生み出す知恵が誕生した。そして、それが品種とよばれるものに成長した。

こうしたなかでヒトは、どのような雄と雌が交配するとどのような子どもができるかという知識を獲得し、より都合のよい動物をつくりだすことに成功したと思われる。交配によって子孫の姿形や能力をコントロールできることを知ったことは、多様な家畜品種の誕生を加速させた。そして、家畜を改良するための基本的な考えが生み出されることとなった。

家畜の改良と遺伝

家畜を改良する基本的な考えは一八世紀に明確にされたが、イギリスの育種家、ベークウェル（R. Bakewell）の貢献が大きい。かれは、家畜改良の三原則を唱えた。すなわち、注意深い観察による個体の能力評価、子どもの能力を調べて親の能力を推察する、いわゆる後代検定による親の価値の評価、優れたものどうしの交配である。遺伝的に優れた能力をもつ個体を選び出し、優れたものどうしを交配することによって、優れた遺伝子を多くもつ子どもをつくることを提唱したのである。

このようなヒトの意志は、家畜の性行為の相手を家畜から取り上げることによって貫徹される。そのためには、個体の血統を明らかにし、親兄弟の能力が記載された書類があるのが望ましい。そこで家畜の登録が行われるようになった。家畜の家系を知るためである。その父母、祖父母を明らかにし、繁殖や泌乳の能力を記述する。一八世紀の中ごろには、自分のもつ家畜、とくに子どもをつくる種雄の系図をつくっていたといわれる。そして、いまに至るまで変わらぬ考えで系図がつくられている。系図は、家畜の商品価値も決めるので、虚偽、不正も起こりうる。そのようなことから、この家畜の登録は、公的な団体が行う仕事となり、現在、どこの国でも、各家畜の各品種ごとに、協会や組合が設けられ、品種の登録が行われるようになっている。

家畜の登録には二種類ある。体型、資質、特色などが種々雑多で、新しく生まれてくる子どもについても、その特色を予想しかねるものについて、特色を記載し、優良な特色を固定し、新しい品種をつくろうとするものと、すでに品種として確立され、体型、資質、特色がほぼ固定した家畜について、品種の血統を明らかにし、さらに能力を向上するためのものである。前者の登録の仕方が考えられたことが、家畜品種をつくる基礎になったのは容易に想像できる。このようななかで、家畜の体型、資質、特色に焦点をあて、その改良が行われるようになったのである。

家畜でよく用いられる用語に「形質」という言葉がある。形質は質的形質と量的形質に分けられる。その後に明らかにされた遺伝子の知識で説明しよう。質的形質とは角の有無、毛皮の色などが典型的な例であり、比較的少数の遺伝子によって調節されている。一方、肉、乳などを生産する家畜に期待するのは乳量、産肉量など、量として表される「量的形質」である。このような量的形質には多くの遺伝子がかかわっている。また、個々の遺伝子が果たす役割は小さく、環境の影響も受ける。多くの遺伝子がかかわるので簡単な交配実験では遺伝の様式を知ることができない。量的形質にかかわる遺伝子をグループと考えて、遺伝を考える集団遺伝学が発達し、二〇世紀半ばに、その理論の基礎が築かれ、いま家畜の改良に大きな力を発揮している。このような考えは、一八世紀に築かれた基礎の上に発展してきたものである。集団遺伝学では、表現型は遺伝子型と環境効果の和であると考えられる。すなわち、量的形質では、同じ遺伝子をもっていても、気候、飼育の方法などによって表現型に変化が生じる。遺伝子のみならず、家畜を飼育する多くの知識、技術の重要性を指摘する理論でもある。

動物の形質が変化すること、そして、形質の変化が交配によって子孫に伝えられることを知ったことは、家畜の改良と新しい品種の誕生を現実のものとしただけではなく、さらに人類に「進化論」という偉大な思想を誕生させるひとつの契機ともなった。家畜は、「進化論」の誕生に大きな役割を果たすことになったのである。

ダーウィンの進化論と家畜

ダーウィンの『種の起源』の第1章は「飼育の下に生ずる変異」である（図1・3）。漠然と理解されてきたであろう変異とその遺伝について最初に明確にした考えであり、ここではじめて交配によ

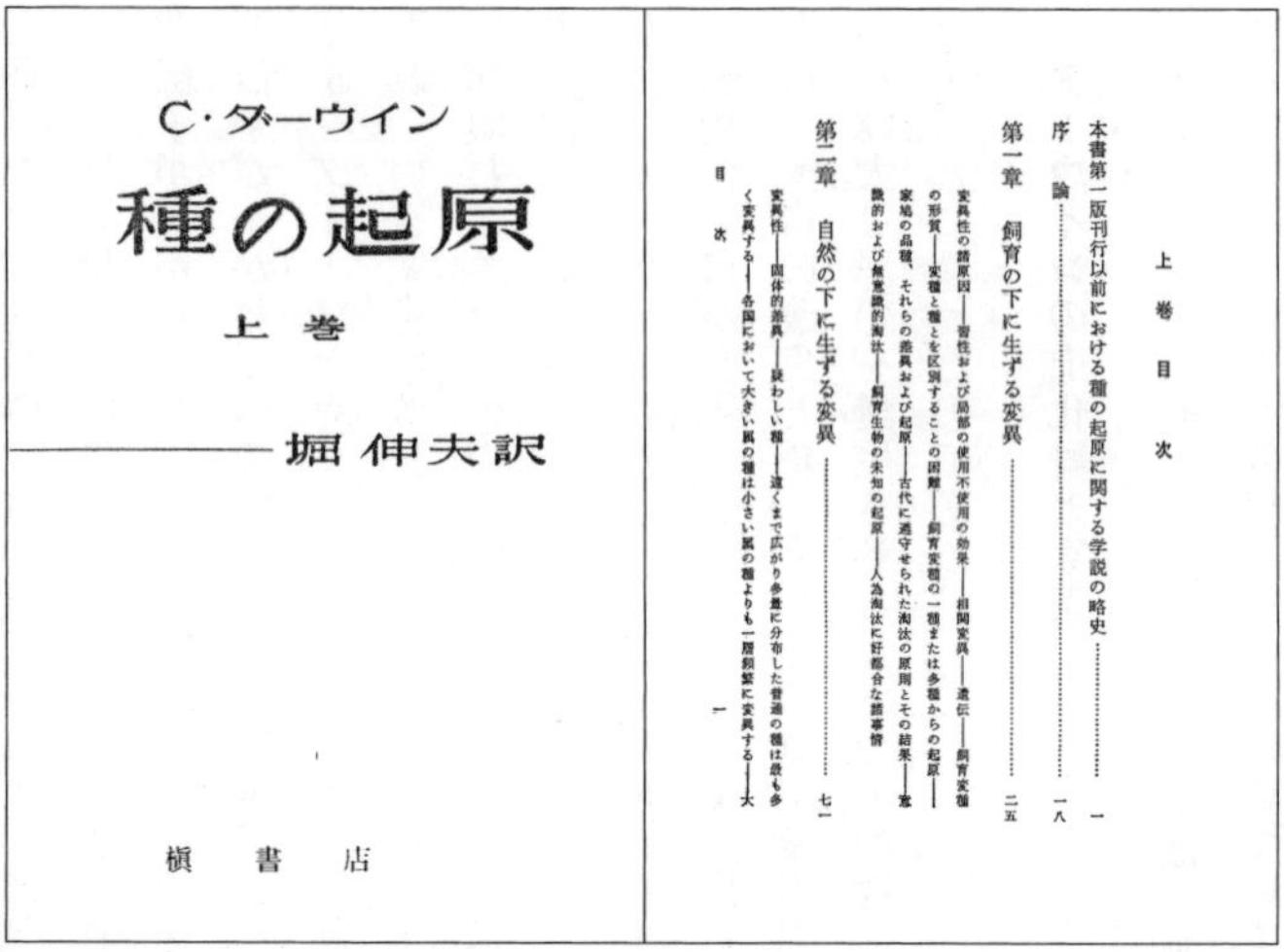

C・ダーウイン

種の起原

上巻

堀伸夫訳

槇書店

上巻目次

目次　一

図 **1.3**　ダーウイン『種の起源』上巻の本扉と目次．

る変異の出現と変異の固定がひとつの考えとしてまとめられたのである。

『種の起源』のなかでダーウインは述べている。「それぞれ全く違った気候および取扱いの下で永い間に変異してきたこれらの飼育栽培の動植物がはなはだ多岐であることを思うと、この大きな変異性はわれわれの飼育生物が、自然に放置されてきたその祖先種の生活条件のように一様でなく、それとはいくらか違った生活条件の下に育てられた結果であると結論しなければならない」（堀伸夫訳）。この文章はヒトが誕生した後、長い年月をかけて蓄積した飼育生物に関する知識の集大成を意味している。また、数限りない多くの世代の努力が、この文章にみられるようなゆるぎない知識体系を生み出すことになったことを示している。

さらに同じ本のなかで品種についても言及しているが、その内容はあらためて心に響くものである。

「実は一つの品種は、国語の方言と同じことで、はっきりした起源をもつとはほとんどいえない。一人の人が、構造に或る軽微な変異をもつ個体を保育してそれから産殖し、または普通以上に注意して彼の最良の動物をつがわせる。このようにしてそれらを改良し、その改良せられた動物は徐々にその近辺に伝搬する。しかしこれらは未だほとんど特別の名をもたないであろうし、かつわずかの価値しか与えられていないのでその歴史は顧みられなかったであろう。同様の緩慢なかつ斬進的な過程によって一層改良せられたときには、それらは一層広く伝搬して或る別異のもの貴重なものとして認められ、多分ここにはじめて地方名がつけられるだろう。交通の不便な半開国では新しい亜品種の伝搬過程は緩慢であるに違いない。一度価値のある諸点が認められると、私のいわゆる無意識的淘汰の原則は常に、徐々にその品種の独自の特徴を、たといそれが何であっても、増して行くであろう。しかしそのように緩慢な、不安定な、かつ眼に見えないような変化について、記録が保存せられたというような機会はごく稀であるだろう」(堀伸夫訳)。記録にはほとんど残らない人々の営為が、生物学の根幹となる進化論の基礎となる考えをつくったのであり、まさに、ダーウインのこの一文は、多様な品種を生み出した人々の努力に対する称賛である。

家畜の増加と伝染病

家畜が改良され、増産され、家畜の生産が広がると、深刻な病気が家畜を襲った。伝染病である。ヨーロッパにおいて、一八世紀前半の半世紀に、伝染病のため約二億頭の家畜が死んでいった。牛疫がもっとも深刻であったが、このような家畜の病気が契機となって、本格的な獣医学の研究、教育が開始されることになった。一七〇〇年にはイタリア、一七六二年にはフランスに獣医学校が設立され、獣医師協会ができた。一八世紀の終わりまでに一二カ国に二〇の獣医学校が設立され、獣医学が発達し、そのことによって獣医師という職業も世の中に認知されるようになったのである。

わが国においては、すでに神話の時代に獣医術に関する記述が残されているが、その後、戦闘用のウマの傷病をいやすことが、おもな動機であった。鎌倉時代以降、いわゆる「伯楽」や「馬医」が登場した。いまでいう獣医師である。一八七三年には獣医学校が設置され、さらに一八八五年に獣医免許規則が公布され、この規則により獣医師免許をもつものでなければ、家畜の診療業務を行ってはならないことになった。その後、獣医師法が定められるようになったが、その第三条に、「獣医師になろうとする者は、獣医師国家試験に合格し、かつ、実費を勘案して政令で定める額の手数料を納めて、農林水産大臣の免許を受けなければならない」と規定されている。獣医師は、家畜生産が生み出した職業である。いま、愛玩動物の数も増え、それに対する治療の要求も多くなり、獣医師の職業観も変化してきている。しかし、家畜の伝染病においてもヒトの伝染病と同じく、感染力が強く、深刻な病気を引き起こすものがある。これらは法定伝染病に指定されており（表1・3）、その診断や予防に、獣医師は、いまも大きな力を発揮している。

表 1.3　法定伝染病と感染する家畜の種類.

伝染病の種類	家畜の種類
1. 牛疫	ウシ，ヒツジ，ヤギ，ブタ
2. 牛肺疫	ウシ
3. 口蹄疫	ウシ，ヒツジ，ヤギ，ブタ
4. 流行性脳炎	ウシ，ウマ，ヒツジ，ヤギ，ブタ
5. 狂犬病	ウシ，ウマ，ヒツジ，ヤギ，ブタ
6. 水胞性口炎	ウシ，ウマ，ブタ
7. リフトバレー熱	ウシ，ヒツジ，ヤギ
8. 炭疽	ウシ，ウマ，ヒツジ，ヤギ，ブタ
9. 出血性敗血症	ウシ，ヒツジ，ヤギ，ブタ
10. ブルセラ病	ウシ，ヒツジ，ヤギ，ブタ
11. 結核病	ウシ，ヤギ
12. ヨーネ病	ウシ，ヒツジ，ヤギ，ブタ
13. ピロプラズマ病	ウシ，ウマ
14. アナプラズマ病	ウシ
15. 伝染性海綿状脳症	ウシ，ヒツジ，ヤギ
16. 鼻疽	ウマ
17. 馬伝染性貧血	ウマ
18. アフリカ馬疫	ウマ
19. 豚コレラ	ブタ
20. アフリカ豚コレラ	ブタ
21. 豚水胞病	ブタ
22. 家きんコレラ	ニワトリ，アヒル，ウズラ
23. 家きんペスト	ニワトリ，アヒル，ウズラ
24. ニューカッスル病	ニワトリ，アヒル，ウズラ
25. 家きんサルモネラ感染	ニワトリ，アヒル，ウズラ

4　アニマルテクノロジーの展開

家畜を観察し、優良なものを選抜し、さらによりよい家畜を増産する考えは、より先鋭化することになり、新しい技術を生み出す原動力になった。そして、家畜の体そのものに手を加え、飼料や飼育環境をコントロールする方向へ向かうこととなった。

去勢という知恵

品種を誕生させ、さらに家畜を改良させるには、ヒトの強い意志が必要である。まず、どのような特徴をもつ家畜をつくりだすのかという青写真と、それにもとづく戦略が必要である。そして、その戦略にもとづいて雌雄を交配し、子孫に特定の特徴を付与するのである。望ましい形質をもつ個体を選抜し、選抜・交配を繰り返すことにより、期待する形質、たとえば優れた体格、繁殖能力や生産性をもつ個体をつくりだす。また、期待に沿わない形質を除去することも必要である。除去したい形質、たとえば奇形、角などをもつ個体を淘汰し、子孫にそのような形質を与える親も淘汰する。期待する形質を固定すること、すなわち子孫に現れた形質を安定して発現させるようにすることも必要である。自然交配により子どもを得ていた時代、どのような方法でヒトはみずからの強い意志を家畜に反映し、形質の付与、淘汰、固定を行っていたであろうか。

それは去勢という方法である。長い家畜の歴史のなかでいつ、どこで、だれが最初に去勢を行ったかについての記録は残っていない。これもまた記録に現れない人々により、人知れず始められたアニマルテクノロジーのひとつである。去勢は性腺、とくに雄の精巣を強制的に除去することである。このような操作によって淘汰すべき家畜の遺伝子が次世代へ伝搬することを断絶させようとする考えは、ヒトが生み出したアニマルテクノロジーのなかでもきわめて荒々しいもののひとつである（表1・4）。

たとえばウシについて考えてみよう。一頭の雄は何頭と交尾できるだろうか。最近のデータでは一頭の雄ウシが一年間に交尾し、妊娠させうる雌の頭数は五〇頭前後が平均のようである。これは繁殖の季節性がなくなった現代のウシでのデータである。かつては、繁殖には季節性があり、とくに、雌の発情は特定の季節に到来したものと考えられている。したがって、一頭の雄が短い繁殖季節のなかで交配できる雌の数は、より少なかったに違いない。しかし、どの雄も等しく繁殖季節には、雌を求めたことだろう。

表1.4　家畜の去勢の方法.

無血去勢法
・輪ゴムによる精管結紮
・挫滅去勢器による挫滅
観血去勢法
・陰嚢切開による精巣摘出

生まれてくる子どもの数は雄雌半々であり、雄と雌が混在するなかで家畜を飼育することは、長く続いたに違いない。そのようななかには、交配に使いたい雄のみならず、淘汰したい雄もいただろう。家畜の改良を強く意識するようになって、どのように変化しただろうか。まず、淘汰しようとする形質をもつ雄を隔離して、雌から遠ざけただろうが、ヒトは、より確実な方法

を模索した。ヒトの意志を強力に、かつ明確に反映する方法として去勢が誕生した。そして、ヒトによって選ばれたもののみが、子どもをつくることを許されるようになった。このことは、特定の雄を利用して優良個体をつくり、そのなかからさらに優良な雄を選抜して交配させ、家畜の改良を行う発想を誕生させた。

去勢は家畜生産において副次的な効果をもたらすこととなった。去勢された家畜がどのようになるかみてみよう。去勢はおもに雄で行われるが、精巣から分泌される雄性ホルモンの影響を取り除くことを意味する。このことによって雄の体にはさまざまな変化が現れ、それがヒトにとって好都合な家畜生産物を生み出すようになった。

ウシでは、去勢によって雄は従順になり、農耕や運搬などに使いやすくなる。また、肥り方、脂肪の蓄積など、肉質が雌ウシに近づくようになる。餌の取り合いが少なくなり、群で飼育しても増体のばらつきは小さくなる。また、ケガによる事故率も低下する。ウマでも、去勢によって雄はおとなしくなり、乗用に適するようになる。ウマの去勢は遊牧民により行われたといわれている。遊牧民の戦闘集団では、大将のウマのみ去勢せず、他は去勢した。去勢ウマは、去勢していないウマに従うので、軍隊の規律からしても好都合であっただろう。ブタでは、去勢すると雄の肉は脂肪が多くなり、かつ柔らかくなる。また、雄は特有の臭気をもっているが、去勢すると臭気は除去される。ブタでは、雌でも去勢することがある。発情すると摂食量が少なくなり、発育が遅れるからである。ヒツジでも、良質の肉や毛を生産するために去勢する。

遺伝的改良のためだけでなく、このようにヒトの嗜好に合う生産物をつくる方法としても去勢は大きな意味をもつこととなった。去勢された雄が、個体として淘汰されず、良質の生産物の生産者として生きながらえるようになったことは家畜、ヒトともに幸運なことであった。去勢しても、雄の生存には影響がなく、さらに、食糧としての家畜の質も向上することを知ったヒトは、みずからの知恵に満足したことだろう。一方、優良な雄は個体としての価値よりも、次世代をつくる精子をもつことに意義を見出され、交尾に集中させられることとなった。

放牧の反省と舎飼いの発想

放牧という家畜飼育法がある。これは、太陽エネルギーを草がとらえ、それを家畜がその自由意志で摂取し成長する効率的な家畜の飼育法である。放牧では、ヒトの労力を必要とせずに、家畜は成長する。しかし、放牧には弊害も現れる。放牧する頭数が多くなると植生が破壊され、極端な場合には、その土地が砂漠化する。ヒツジやヤギには、株や根まで食べ尽くす習性がある。放牧に適した土地を得るため、灌木や家畜の餌にならない野草を焼き払い、その後に生える柔らかい草を家畜に食べさせる行為が原因になり、砂漠化することもある。いずれにせよ、放牧は、まわりまわって、ヒトの生活を脅かすようになる場合もある。

一方、家畜が生み出す富の量、すなわち生産性は、家畜のもつ遺伝的能力のみならず、環境との相互作用で決まる。このようなことをヒトは家畜に接する日々のなかで徐々に理解したものと思われる。

表 1.5　舎飼いと放牧の相違点.

条件		舎飼い	放牧
1	**気象環境**		
	気温の変化	小さい	大きい
	日射の影響	少ない	多い
	風の影響	少ない	多い
	雨の影響	少ない	多い
2	**地勢的影響**		
	傾斜の影響	小さい	大きい
	土壌の影響	小さい	大きい
	水質の影響	小さい	大きい
3	**飼料環境**		
	飼料の形態	加工飼料	牧草と野草
	季節性	少ない	あり
	選択採食	困難	可能
	採食行動	不要	長時間必要
4	**生物環境**		
	病原感染の機会	少ない	多い
	衛生害虫の影響	少ない	多い
	害獣・害鳥の影響	ない	あり
	有毒植物の影響	ない	あり
5	**社会環境**		
	飼養形態	個別または少頭数	多頭数
	順位形成	少ない	あり

また、家畜を観察するなかで、家畜においてもヒトと同じく食と住が重要であることを認識した。すなわち、ヒトの力で食と住を与えることが、植生を破壊せず、家畜の生産効率をあげる基本であると考えるようになった。そうして家畜の飼育環境をコントロールしようとする考えが生まれ、放牧ではなく、建物のなかで家畜を飼う、つまり舎飼いが誕生した。この舎飼いの発想は、ヒトが家畜をもつようになって以降、もっとも大きな発想の転換と位置づけられる。舎飼いと放牧のおもな違いを表1・5にあげた。それまで家畜は、野外の草地や林のなかに放牧され、十分な飼料も与えられず放置されることが多かった。子どもや妊娠した家畜を囲いのなかで飼育することはあったとしても、完全な舎飼いではなかった。乳や肉などの生産性も低かった。しかしながら、舎飼いへの移行により、生産性は上昇した。この選択は、後世における家畜の繁栄をもたらすとともに、後述するように、アニマルテクノロジー開発の推進力となったのである。

家畜飼養と飼料作物・牧草地

舎飼いを続けるためには、まず、飼料を生産する農場の誕生と飼料の貯蔵技術の発展が必要である。また、舎飼いでは給飼・給水作業、清掃作業、家畜の手入れなど、きめ細やかな労力が必要である。すなわち家畜の行動をふまえ、一定の手順を踏んで行う作業を生み出す必要があった。このようにして、舎飼いにともなって、飼料生産や保存、家畜の管理作業にかかわる知恵や、家畜の栄養に関する知識の蓄積が要求されるようになった。どのような飼料を食べさせるか、そのためにどのような飼料を生産するか、知識を深める必要があった。後に、この知識は家畜を飼育するために必要な栄養素の種類、その量とバランスを示す飼養標準として結実することとなる。家畜を飼う場合、どの家畜にどのような飼料をどのくらい与えればよいかを示すものがあれば都合がよい。飼養標準は、それに対応するものである。いまでは、家畜の飼養条件は国や地方により異なるので、その飼養標準も、少なくとも、その国に適したものをつくるべきだという考えから、各国において飼養標準がつくられるようになっている。

家畜の飼育が始まったころには、収穫した後の作物の茎や葉や、野草を与えていたに違いない。そして、それが組織的になされるようになり、家畜の飼料とする作物の栽培が行われるようになった。すなわち、舎飼いとドッキングして飼料作物が誕生した。飼料作物には、一年のうちに何回も刈り取られたり、放牧されたりしてもそれに耐える特性をもつ牧草と、もともとヒトが食用としていた作物を家畜の飼料に転用した作物がある。飼料作物や牧草は水分を多く含むので、刈り取った後、放置すると腐敗してしまう。これを大気中で保存するには乾燥させることが必要である。飼料作物や牧草を嫌気状態に保つと、草に付着している乳酸菌が増加する。その際、生成される乳酸の酸度により、好気性菌や他の嫌気性菌の活動が抑えられる。このようにして貯蔵したものをサイレージとよび、それに用いる容器をサイロという。こうして人工の草地を生み出し、サイロをもつ畜舎をつくったことで、家畜生産の風景がかたちづけられたのである。

また、舎飼いを進めるとより多くの労力が必要となり、それに見合う生産性が必要となる。舎飼い

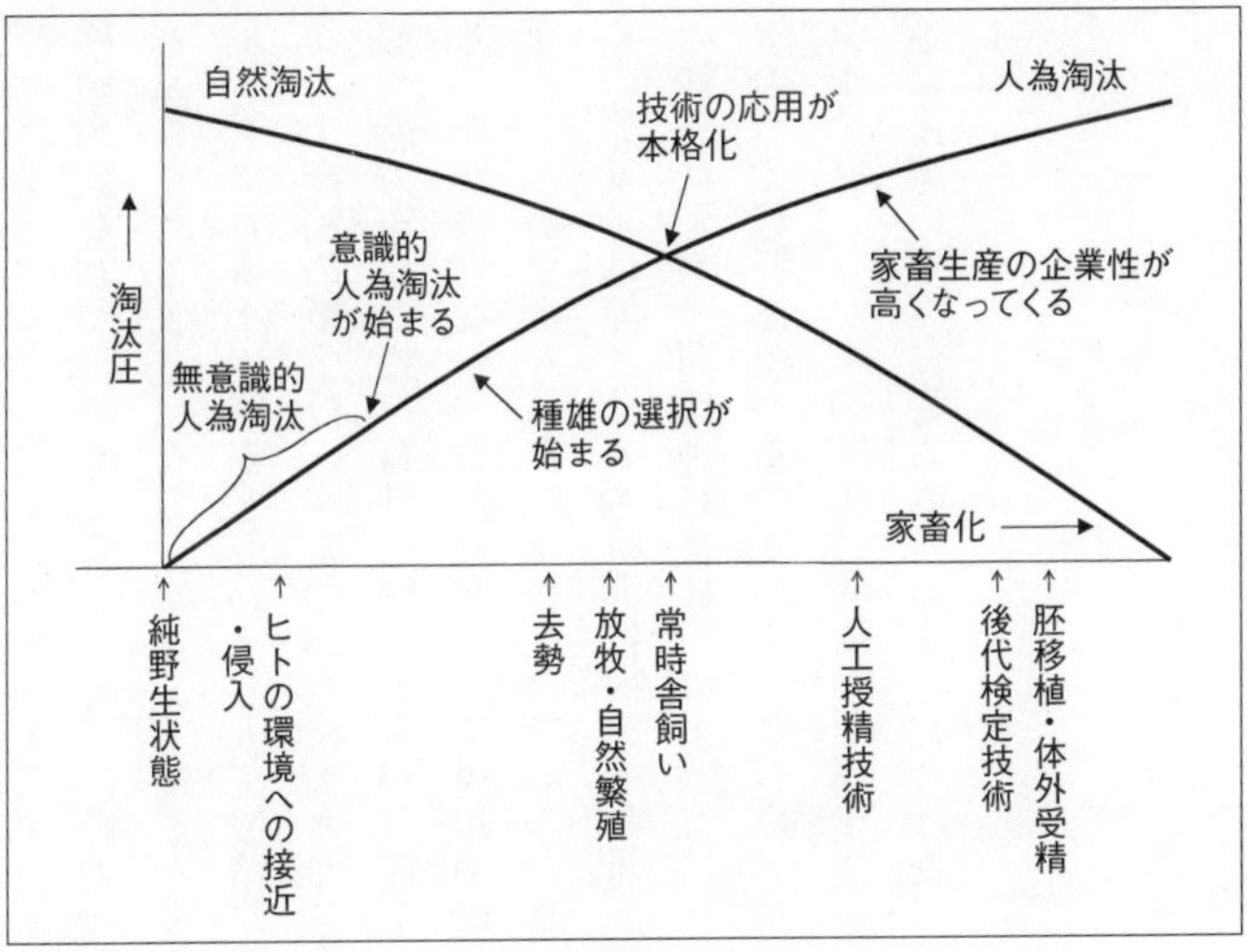

図 1.4　家畜化の段階とアニマルテクノロジー.

にともなってヒトは、家畜の生活に深く介入するようになり、家畜改良による生産性向上をより強く意識するようになったと想像される。さらに舎飼いは、群としての家畜ではなく、家畜を個々の個体として扱うことを可能とし、個々の個体を対象にした人工授精をはじめとするアニマルテクノロジーの導入を可能にしたのである。

実験生物学の誕生と家畜の改良

動物の意志を無視し、交配相手を動物自身の選択からヒトによる選択へと変化させたことが、多様で優れた家畜の誕生につながった。その後、ヒトの意志のもとで交配を繰り返すことにより、ヒトが望む家畜へと改良がなされてきた。このような営為のなかに科学が登場する日が訪れる。実験生物学の誕生である。顕微鏡が登場し、その後、精子や卵子が発見された。精子や卵子の発見は、アニマルテクノロジーの進展において決定的に重要な出来事である。脊椎動物では、胚の部分切除や移植実験などが行われ、精子、卵子、胚の操作が行われるようになった。このような実験は哺乳類でも試みられるようになり、家畜でも精子や卵子が観察されるようになった。そして、本格的なアニマルテクノロジーの開祖ともいえる人工授精が誕生することになる。

人工授精の誕生は、家畜の改良に大きな革命をもたらすことになった。ヒトにとって都合のよい姿形や能力をもつ雄を有効に使うことが可能になったからである。一回の交配で一頭の雌しか妊娠させることができなかったものが、人工授精の誕生により、一回の射精で数十頭から数百頭の雌を妊娠させることができるようになったのである。雌についても胚移植という技術が登場し、一頭の雌から多くの卵子を排卵させる過排卵技術とドッキングし、より多くの子どもができるようになった。生物学の知識によって開発された技術によって、ヒトにとって都合のよい家畜を増やし、改良することが科学の力で可能になったのである。さらに、卵子の体外成熟・体外受精・体外培養技術が登場し、アニマルテクノロジーの開発は経験から科学にもとづくものへと急激な方向転換がなされるとともに、急速に産業の現場に導入されるようになった。技術が家畜化を加速することとなったのである（図1・4）。

第2章　家畜を生産する——アニマルテクノロジーの現場から

家畜を改良し、増殖するには長い年月が必要である。何世代にもわたる人々の努力と連携により、家畜は改良され、頭数も増えてきた。そして、地域や風土に合った家畜が生み出され、いま、そのような家畜は世界のいたるところで飼われ、地球上できわめて大きな集団をなすようになった。ヒトの知恵によって生み出された集団ではあるが、地球上でもっとも繁栄したひとつの生物集団といえる。ウシは一三億四〇〇〇万頭、ブタは九億二〇〇〇万頭、ヒツジは一〇億七〇〇〇万頭、ヤギは七億一〇〇〇万頭である。たとえば、体重に頭数をかけて種の重量を計算すると、地球上の最大の動物はウシとなり、二位がナンキョクオキアミで三位がヒトである。さらに上位にはスイギュウ、ブタ、ヒツジ、ウマ、ヤギなどの家畜が並ぶ（表2・1）。

このような家畜の繁栄は、ヒトがもつ動物食への強い欲求によってもたらされたものである。それを可能にしたのが実験生物学の誕生によって生み出されてきた人工繁殖技術である。このような技術

表 2. 1　個体数と平均重量から算出した種の重量．単位はトン．

種名	個体数	種の重量
ウシ	134×10^{7}	670×10^{6}
ナンキョクオキアミ	—	-500×10^{6}
ヒト	600×10^{7}	300×10^{6}
スイギュウ	16×10^{7}	80×10^{6}
ブタ	92×10^{7}	40×10^{6}
ヒツジ	107×10^{7}	30×10^{6}
ウマ	6×10^{7}	30×10^{6}
ヤギ	71×10^{7}	20×10^{6}
シロナガスクジラ	14×10^{3}	2.2×10^{6}
アフリカゾウ	250×10^{3}	1.3×10^{6}
全生物		10^{6}-10^{8}

表 2. 2　1 回の射出精液で人工授精可能な家畜の頭数．

家畜	1 回の射出		1 回の注入		1 回の射出精液で人工授精できる雌の頭数（頭）
	精液量(ml)	精子数(億)	精液量(ml)	精子数(億)	
ウシ	3-10	50-100	0.25-0.5	0.25-0.5	100-200
ウマ	50-200	40-200	20-25	10-15	10-20
ヒツジ	0.5-2.0	20-50	0.2-0.5	1.0	20-30
ヤギ	0.5-2.0	10-35	0.2-0.5	1.0	10-20
ブタ	150-500	100-1000	30-50	50	8-9

は、人工授精の誕生をきっかけとして進んできた。人工繁殖技術は、どのような系譜をたどって開発され、現実の家畜生産を動かすようになったのだろうか。

1 人工授精の誕生と普及

去勢は、淘汰すべき個体を繁殖の場から退場させ、かつ優良な雄を集中的に使って家畜改良を推し進め、さらに優良家畜の増産も可能にした。淘汰すべき雄と優良な雄とを峻別することの意義は去勢が実施されるなかでより強く意識されるようになった。このような考えの延長線上に人工授精技術の開発がある。時代もその開発を待っていたかのように急速に普及することとなった。

精子が発見され、遅れて卵子が発見される。そして人工授精が行われるようになった。はじめは、哺乳類においても精子が子どもの誕生に必須であることの実証のために行われた。一七八〇年、イタリアの生理学者スパランツアニ（L. Spallanzani）が、イヌで人工授精により子どもを誕生させた。さらに二〇世紀初頭、ロシアのイワノフ（I. I. Ivanov）は、ウマの人工授精に成功するとともに、ウシやヒツジにも人工授精技術を応用した。このようにして進められた人工授精は、生物学の興味を越えて、家畜生産に深くかかわることとなった。特定の雄の形質を広く子孫に伝えるためには、きわめて強力な手段であり、スパランツアニやイワノフによって行われた人工授精の実験は、家畜の改良、優良家畜の増産という願望を推し進めるにふさわしい技術誕生の幕開けでもあった。

精巣で生まれた精子は精巣から伸びる精巣上体という太い管に入る。精巣上体はひとつづきの管であり、外形から頭部、中部、尾部に分けられる。精子は頭部、中部を通り、尾部に移動し、そこで蓄積され、射精を待つ。精子は尾の運動によって前進するが、精巣のなかの精子はまだそのように動く力をもたない。精巣上体を通過する過程で前進運動を行うことができるようになる。そして卵子と合体する能力（受精能力）をもつようになる。

精巣上体を通過中に死ぬ精子も現れるが、死んだ精子は精巣上体の細胞に食べられる。いずれにせよ、精巣ではきわめて多くの精子が生産され、精巣上体尾部には多くの精子が貯蔵される。そして射精により、雌の膣や子宮の入口に、きわめて多くの精子が排出される（表2・2）。膣や子宮の入口に射精された精子は、子宮頸管、子宮、子宮卵管接合部、卵管狭部を移動し、受精の場である卵管膨大部に到達する。受精に必要な精子は一匹であるが、雌の子宮や卵管を移動する過程でトラップされ、目的を遂げずに死滅する精子が多いので、ウシでは、妊娠のためには膣や子宮の入口に五〇〇〇万匹ほどの精子が導入される必要がある。

このように一回に射精される精子の数は、妊娠させるために必要な精子の数よりはるかに多い。このようなことから、精巣でつくられた精子を使ってより多くの雌を妊娠させようという考えが生まれる。単純に計算すると、一回に射精される精子で一〇〇頭から二〇〇頭の雌を妊娠させることが可能である。すなわち、精子生産の特徴が人工授精の成功をもたらしたのである。人工授精についてくわ

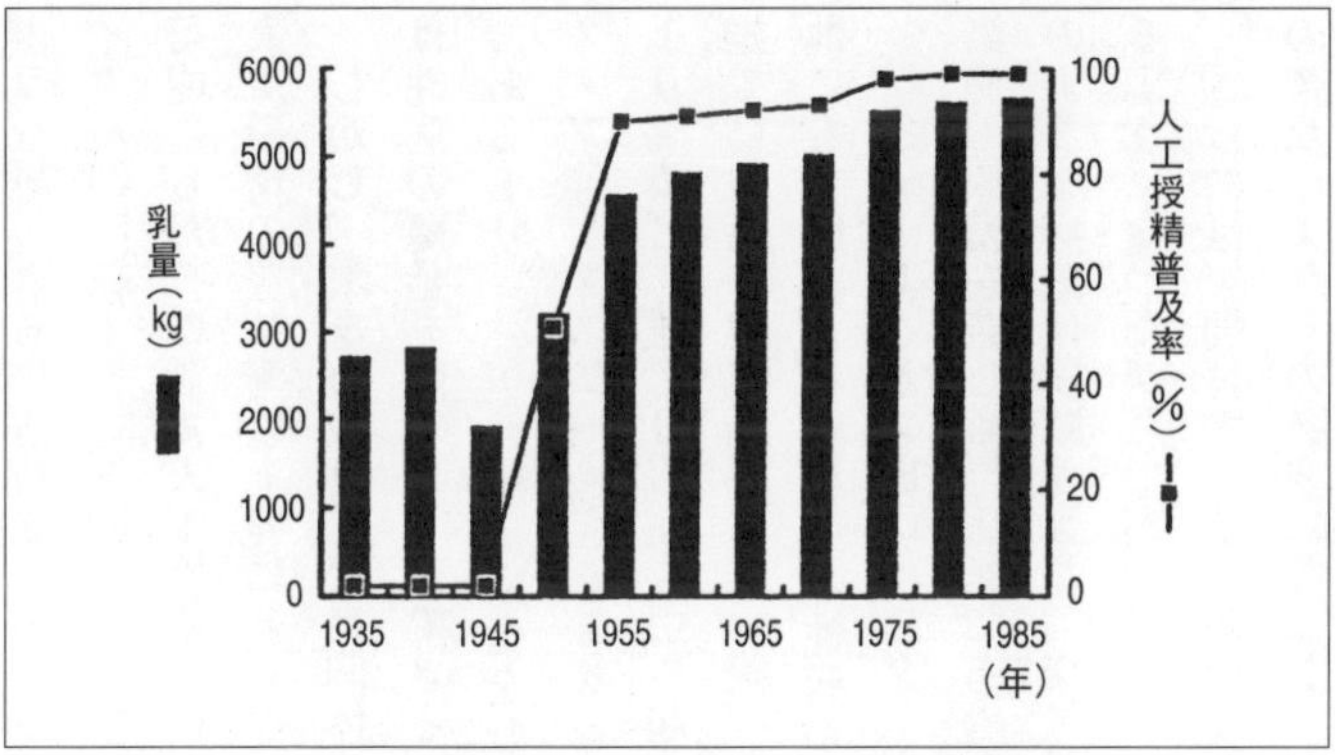

図 2. 1　人工授精の普及率と乳牛１頭あたりの年間平均乳量.

しくみてみよう。

人工授精はなぜ普及したか

家畜品種の多くは一八〜一九世紀までに成立している。その後、家畜品種の遺伝的資質の改良が推し進められてきたが、人工授精は、その目的遂行の強力な手段となり、急速に普及することとなった。

家畜の生産にかかわる遺伝様式は複雑である。一部の能力の向上を達成できても、他の形質にゆがみが生じると、結果としては高い能力を引き出すことができない。自然交配の時代には、試行錯誤を繰り返しながら改良を進めてきたに違いないが、人工授精の登場により、より容易に優良な雄を選抜し、利用することができるようになった。すなわち、一頭の雄由来の子どもを多く生産するようになると、雄のもつ遺伝情報を、より正確に推察することが可能になったからである。より正確な情報をもとにして優良な遺伝子をもつ雄が選抜され、その精子を用いて多くの子どもを増産し、そのなかから優良な雄がさらに選抜されるようになった。このように優良雄の選抜とその利用による家畜改良のサイクルが回転することになり、家畜改良は大きく進むことになった。このことは、優良個体の増産も可能にした。ここに人工授精技術が家畜改良に大きく貢献したことを示すデータがある（図2・1）。人工授精の普及率の上昇にともない、乳牛一頭あたりの乳量が急上昇している。

しかし、家畜の改良、優良個体の増産においてのみ人工授精の意義があるわけではない。人工授精は性病の蔓延を防ぐことができる。家畜の性病には深刻なものがいくつか知られている。性病の一種であるトリコモナス症は家畜をむしばむ恐ろしい病気であった。トリコモナス症とは、トリコモナス・フィータス（*Trichomonas foetus*）という原虫の感染によるウシの生殖器伝染病である。交尾により感染し、雌では流産を引き起こしたり、膣炎、子宮内膜炎などを起こし、不妊となったりする。雄では陰茎や包皮粘膜に軽い炎症がみられるだけであるが、感染力は強い。また、トリコモナス症の他にも交尾により感染する性病がある。カンピロバクター・フィータス（*Campylobacter fetus*）という細菌によるカンピロバクター病、ブルセラ属の細菌によるブルセラ症などがあるが、これらの伝染病も家畜を苦しめた病気であった。しかし、人工授精が普及し、交尾がなくなることによって、このような病気は撲滅された。交尾器官に代わって、消毒された人工授精用の器具が雌の膣に挿入されるようになったからである。

さらに雄を飼育することが不要となった。自然交配には生身の雄が必要である。しかし、人工授精の普及によりその必要はなくなった。自然交配では、当然のことながら雌と雄を接触させなければならない。接触させ、交尾させるには移動などに多くの時間が必要である。人工授精が普及したいまでは、家畜に発情がきたことを獣医師や家畜人工授精師（四六ページ参照）に伝えることで目的を達成できる。

人工授精はどのように行われるか

人工授精は、家畜の改良や優良家畜の増産という目的を達成するための強力な技術のひとつであるが、技術そのものも印象深いものである。性欲に狂った動物をだまし、動物から性行為を取り上げて成り立つ技術である。このような人工授精の実際について紹介しよう。

人工授精は簡単にいえば精液の採取、保存、雌への注入からなる。すなわち、人工授精のためには、まず精液を採取しなければならない。人工授精がまだ試行錯誤の時代だったころは、自然交尾した雌の子宮から精液を採取したこともあった。しかし、いまでは雌の膣をまねてつくった人工の膣を使う。精子は射精されるとき、精管を通る。精管には液を分泌する腺（精嚢腺、前立腺など）がついており、その分泌物と精子は混じり合うので射出精子は液状となる。それで精液とよぶ。射精は真剣な行為である。だから精液を採取するには危険をともなう。

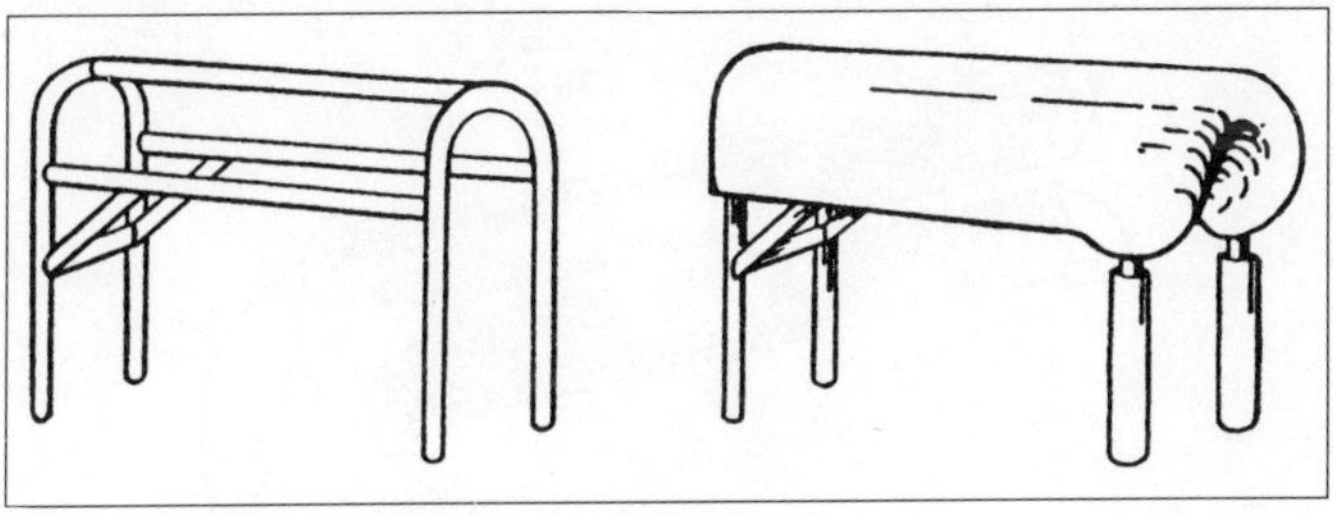

図 2.2　精液採取に使われるウシの擬牝台．鉄パイプでできたウシ擬牝台の枠（左）とカバーをかけ完成した擬牝台（右）．

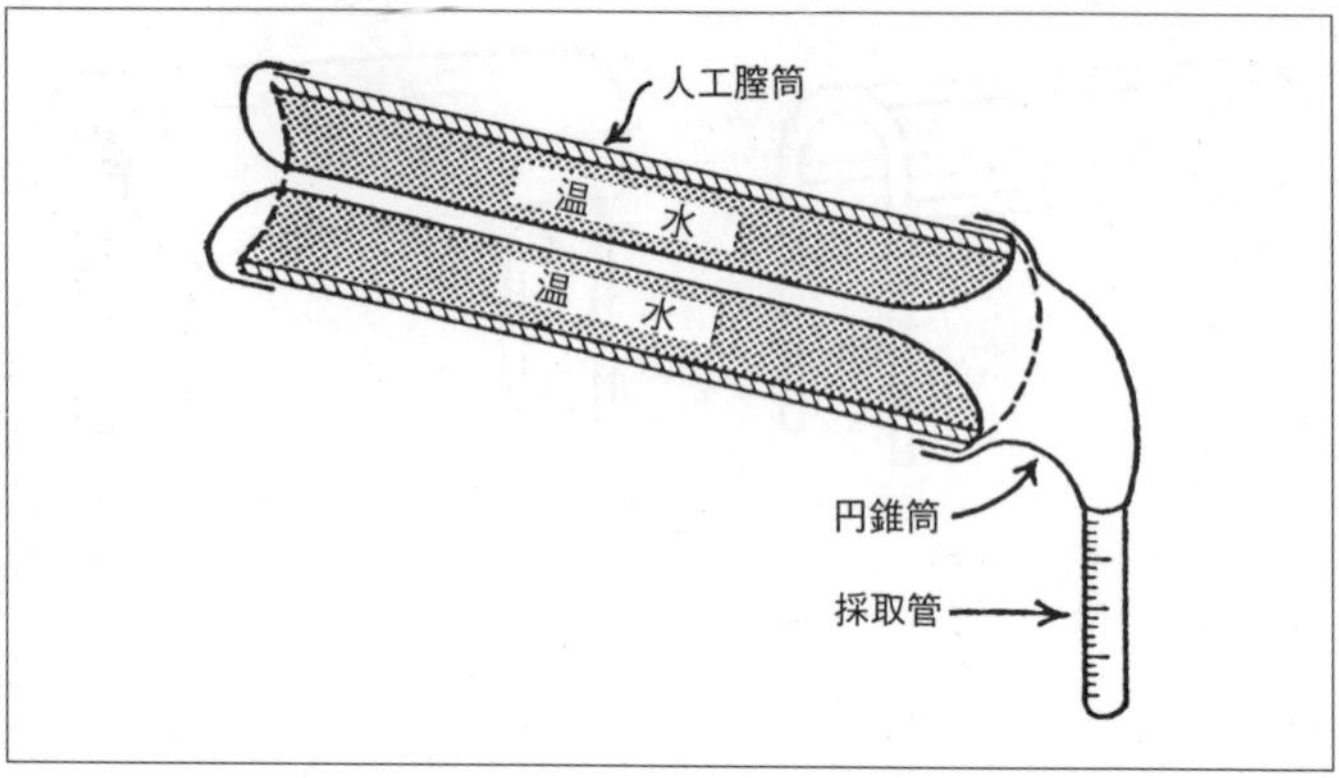

図 2. 3　ウシの人工膣の断面図.

満足できない射精に終わったり、射精に至らなかった場合、雄は凶暴になる。だから人工膣を使って精液を採るのも真剣に行わなければならない。邪念をもったり心が乱れたりしてはいけない。どのように精液を採るか私の経験を紹介しよう。

ウシの例を紹介しよう。まず、擬牝台（ぎひんだい）を設置する（図2・2）。擬牝台とは文字どおり、牝（雌）に似せた台である。実際はあまり牝に似てはいないが、擬牝台という。このようなたんなる台を雄は牝と思うらしい。たとえば、ウシではこの台に近づくと興奮し、ペニスをむきだしにして台に乗りかかる。これを「マウント」というが、擬牝台に発情期の雌の尿などを振りかけておけば、なおさら興奮する。このとき横についた術者が、雄の興奮の度合いをみはからってペニスをさっと人工膣に挿入する。そうすると一瞬にして射精する。いわゆるウシの「一突き」である。そして、ウシは静かに台から降りる。

人工膣は金属製の筒と内部のゴムからなる（図2・3）。内部のゴムは二重の構造となっており、そのなかに暖かいお湯を入れる。この湯加減、すなわち、お湯の量とその温度の調節が重要である。満足に射精させるために細心の心遣いが必要である。ペニスを圧迫するゴムの圧をお湯の量によって調節する。また、ペニスに直接触れるゴムの面を滑らかにするため粘滑剤を塗る。これを間違えると十分な量の精液は採れない。

私は農学部の学生を対象とする「動物生殖科学」や「家畜人工授精論」という講義を担当しているが、雄の射精についてじょうずに説明するのはたいへんむずかしいと実感している。なまなましい性行為をリアルに表現したり、人工授精の道具をどのように使うかをくわしく説明すると卑猥になる。しかし、上品にまとめるとほんとうのことがわからなくなる。ブタの精液採取はなおさらである。私は、大学院の修士課程の二年間、大学農場でブタとつきあった。「イノシシとブタの受精卵の交換移植」というテーマで実験を行い、朝から晩までブタとつきあった。そして、受精卵を得るために人工授精も行った。人工授精を行うために自分でブタとつきあい、精液を採取しなければならなかった。まず、ウシと同じように擬牝台を用意する。擬牝台を前にしてブタは興奮する。ペニスをむきだしにして擬牝台に乗る。ブタでは人工膣は必要ない。力強い指とビーカーがあれば十分である。擬牝台の横にしゃがみ込み、ペニスを握り、ペニスの先を右手の小指にからませ、小指の先でペニスの先をギュッと握る。そうすると射精を開始する。左手にビーカーをもち、精液を受け止める。

ブタのペニスの先はコイル状になっている。交尾によって射精するときは、ペニスの先を子宮頸管に差し込む。子宮頸管もコイル状になっている。ペニスの先と子宮頸管がネジとネジ穴のように絡み

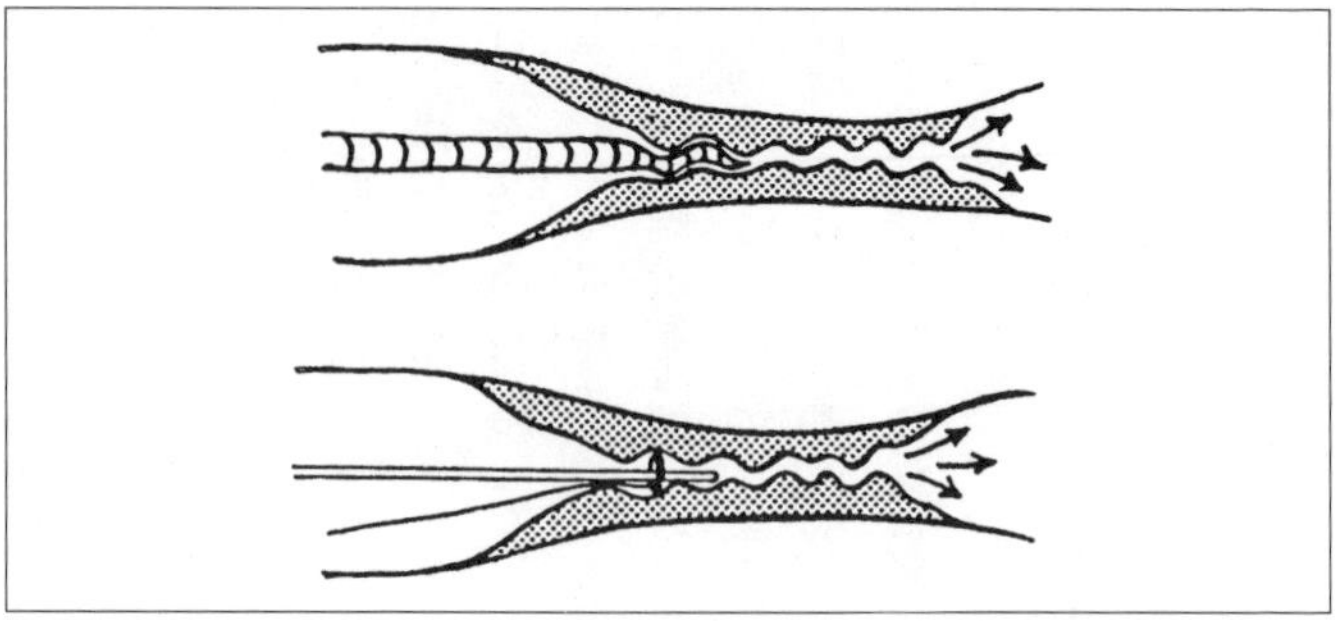

図 2.4　ブタの交尾（上）と人工授精（下）による精液注入部位の比較.

合い、子宮頸管によってペニスの先が圧せられる（図2・4）。この圧が射精の引き金になる。手でペニスを握って射精させる場合は、雌の子宮頸管を小指で代用するわけである。射精は五〜七分も続く。エクスタシーに酔いながらの五〜七分である。ブタは幸せそうに擬牝台に乗っている。しかし、握り続ける小指は疲れてくる。小指の圧が弱まると雄は怒る。こうして小指とブタの格闘が続く。私の学生時代の「小指の思い出」である。三〇〇〜五〇〇ミリリットルほどの精液を出すとブタは満足して台から降りる。

ブタというよび方は蔑称でもある。ブタという動物があまりよい印象をもたれていない証拠でもある。雑食であり、ヒトの糞をも食べる食性、泥にまみれる習性なども原因していると思うが、ブタのセックスのどん欲さも関係しているのではないだろうか。ブタのセックスに圧倒されたヒトの少し屈折した感情も影響しているかもしれない。そんなことを思い巡らせながらブタの精液を採取したものである。

なお、精液採取にはマッサージ法と電気射精法もある。雄が調教できない、または人工膣を嫌ったり、脚を負傷し、擬牝台などにマウントできない場合に使われる。ウシでは直腸から精嚢腺と精管膨大部をマッサージして射精させることができる。これがマッサージ法とよばれるものである。ウシやヒツジ、ヤギでは電気射精法も使われるが、肛門に電極のついたプローブを挿入し、電気を数回流して刺激して射精させる。私は電気射精法はあまり好きではない。拷問しながら射精させる雰囲気があるからである。

精液を採取すると、つぎにその性状を調べる仕事が待っている。観察には特殊な装置が必要である。家畜の精子は元来、体外で生きるようにはなっていない。低温や高温に弱い。pHの変動にも弱い。体温に近い温度と体液に近いpHが必要である。レンズの光が通る部分に穴の開いた加温器（顕微鏡加温器という）や精子の運動性を検査するための特殊なスライドグラス（精液性状検査板という）を用いることが多い。これは私の学生時代の指導教授であった京都大学農学部の西川義正先生によって考案されたものであるが、いまなお広く使われ続けているヒット商品である。顕微鏡のステージに加温器をおき、その上に精液性状検査板を載せ、検査板のすき間に精液を入れ、顕微鏡をのぞいて目で運動性などをチェックする。顕微鏡の下には多くの精子が観察される。元気のよい精子は渦を巻くように動く。みごとなもので感動する。最近は、測定機器が登場し、一瞬にして精子の濃度、運動精子の比率、奇形精子の率などが算出できる。このような値にもとづき、精液を薄めるが、これを希釈という。

精液希釈液としてニワトリの卵黄からつくられた卵黄緩衝液が用いられる。この卵黄緩衝液の開発は人工授精の普及に大きく貢献した。ウシでは、膣や子宮の入口に注入する場合、受胎させるには五〇〇〇万匹の精子が必要であるが、現在の人工授精では、注入部位などが改良され、約二五〇〇万匹の精子を注入することで良好な受胎成績が得られるようになっている。すなわち、二五〇〇万匹の精子を子宮頸管に注入すると十分な精子数が受精の場である卵管膨大部に到達し、受精が成立するとされている。これを目安にして精液を希釈する。精液の容器としてはプラスチックストローの容器を使う。そして授精であるが、いまでは、ほとんどの場合、授精するまで凍結して保存する。

雌は一定の時期にしか交尾を許さない。発情期のみに排卵し、交尾する。雄と雌は排卵をみはかって交尾するが、家畜の排卵の時期をヒトが正確に知るのはむずかしい。また、発情を的確に知ることも難題である。注意深く観察して発情をみつけ、精子を注入する。正確に発情を発見することが、どのような家畜においても妊娠成功のためにもっとも重要である。発情にともなって生じる行動（雄のマウントを許す）や充血したり赤くふくらんだりする外陰部の変化によって発情を発見する。射精できないようにした雄（アテウマ）を使い、アテウマのマウントを許すかどうかによって判断することもある。舎飼いではなく、放牧下で発情を発見するために特別な方法も考案され、発情発見補助器具も開発されている。マウントを許した雌に印がつくような仕掛けをもつ器具など、知恵を働かせたものも多い。

発情をみつけることができたとして、つぎにいつ授精するかである。人工授精の時期が受胎の成功率に大きく影響する。このため、発情の開始から排卵が起こるまでの時間、排卵した卵子がどれだけ受精能力を維持するか、子宮・卵管で精子は受精する能力を獲得するが、それに必要な時間、受精の場（卵管膨大部）で精子が受精能力を保持し続ける時間を知ることが必要である。各家畜について詳

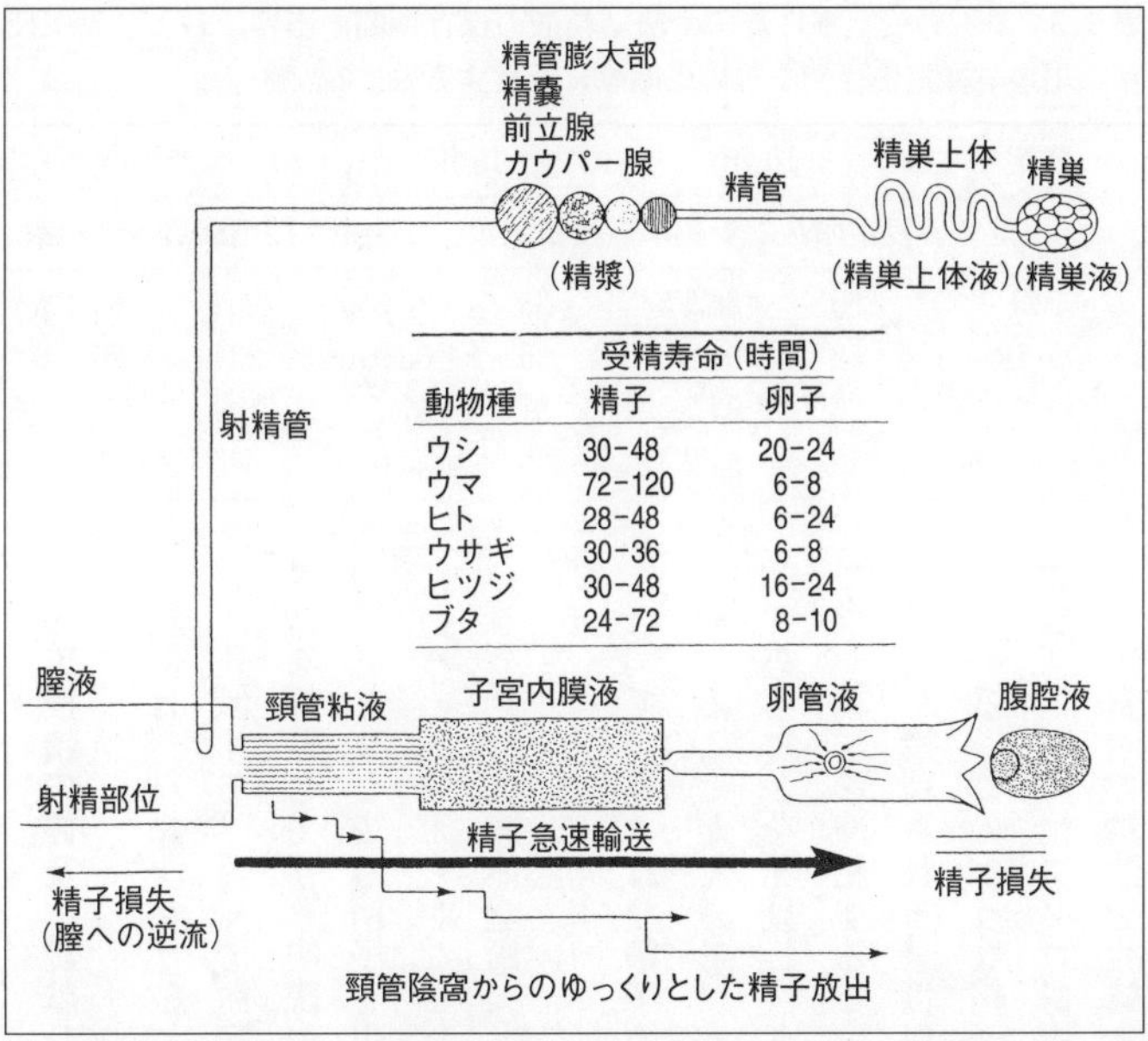

	受精寿命（時間）	
動物種	精子	卵子
ウシ	30-48	20-24
ウマ	72-120	6-8
ヒト	28-48	6-24
ウサギ	30-36	6-8
ヒツジ	30-48	16-24
ブタ	24-72	8-10

図 2. 5　精子の生産と受精までの経路および精子と卵子の受精能保持時間.

細に調べられ（図2・5）、いまではスタンダードなマニュアルもできている。

そして精液の注入である。人工授精のためにつくられた特殊な器具を使う。まず、ウシでは膣に膣鏡を入れ、膣を押し広げ、子宮頸管の入口をみつける。精液の入ったストローを装着した人工授精器具の先端を子宮頸管の入口からなかに導入する。膣も子宮頸管も柔らかいので傷をつけないよう注意する。途中でウシが動いたりするので、注意深く操作する。ピストルの引き金のようなかたちの取っ手を引いて、精液を注入する。ブタでは、ブタ用に開発された注入器具の先をペニスが挿入する子宮頸管の位置に差し込み、注入する（図2・4参照）。

表 2.3　ウシの受胎率に及ぼす凍結精液の保存期間の影響，および人工授精に用いる推定生存精子数の受胎率に及ぼす影響．

推定生存精子数（千万）	5-10 年		15 年		20 年	
	授精頭数	受胎率	授精頭数	受胎率	授精頭数	受胎率
2-5	69	56.5%	33	30.3%	52	65.4%
5-10	69	51.5	36	63.9	34	76.5
10-20	75	54.7	31	67.7	—	—
合計と平均	212	54.2	100	54.0	86	69.8

人工授精の普及に貢献した凍結保存精子

精液は、精巣上体尾部では長い間生き続けるが、体外ではすぐに老化し、死滅する。遠くで飼育されている雌に人工授精することも多いし、精液を採取してから実際に人工授精するまでに時間のかかることが多いので、どうしても精子を生きたまま長く保存する必要がある。そのためにいろいろな工夫がなされたが、きわめて優れた保存方法が開発されている。それは液体窒素（マイナス一九六度）中に保存する凍結保存法である。一九五二年にポルジ（C. Polge）とローソン（L. E. A. Rowson）によって発表された精子の凍結保存法によれば、生きたまま精子を保存し続けることができる。かれらはグリセリンがニワトリ精子の凍結に有効であることを発見し、さらにグリセリンを添加した卵黄緩衝液を用いてウシ精子を凍結することに成功した。その後、改良が続けられ、現在では人工授精される全世界のウシの九〇%以上は凍結精液によって行われている。このような精子の凍結保存技術の確立が、人工授精をより強力なアニマルテクノロジーのひとつへと押し上げた。

液体窒素で精液を凍結すると死滅するものもあるが、多くは生き残る。

融解すると運動を再び開始し、受精する。凍結精子は、理論的には半永久的に生きたまま維持することが可能であり、精子を提供した雄の死後も精子は液体窒素のタンクのなかで生き続ける。実験によれば、二〇年間保存しても、精子は劣化せず、良好な受胎率を示す（表2・3）。

その後、精液の輸送用タンクも開発され、遠隔地への輸送や国際輸送も容易になった。また、生物学や医学の分野において、細胞の凍結保存が日常的に行われているが、これは精子の凍結保存の成功がきっかけとなって行われるようになったものである。細胞の凍結保存は、家畜精子の研究から出発し、その後、生物学の一般的な技術へと成長したもののひとつである。

受胎成功のカギを握る発情の発見

自然交配でも受胎が一〇〇％成功することはないが、人工授精を依頼するときには、授精した個体のすべてが妊娠することを期待するものである。しかし、その受胎率は、現在、ウシでは四〇〜五〇％である。何度も人工授精すると受胎率は上がるが、費用がかさむ。一回の人工授精で一〇〇％受胎するのが理想である。受胎しない例のなかには、卵管や子宮に障害があり、自然交配によっても受胎しない場合もあるが、自然交配であれば受胎するだろうと予想されるケースも多い。このようなケースのほとんどは受胎が期待できない時期に授精した、いわゆる不適期授精である。不適期授精では、受精しないばかりでなく、受精しても胚が死滅することもある。適期に人工授精を行うためには、発情を正しく発見するとともに排卵時期を正確に推定しなければならない。このような発情の正確な発見が人工授精による受胎成立のカギになる。

飼養する家畜が多い場合には、発情の時期がそろう、すなわち排卵の時期がそろうと一度に多くの雌に人工授精することができる。このような発情や排卵の時期をそろえることを発情の同期化、あるいは排卵の同期化という。排卵した後の卵胞には黄体ができ、その黄体が機能する間は発情が現れない。そこで黄体を人為的に退行させ、発情を誘起することで発情の同期化が行われている。しかし、飼養規模が大きくなり、従来のように個々の家畜の発情行動を、十分に時間をかけて観察することが困難になっている。また、外見的に発情が明瞭にみられない個体も増えている。このようななかで黄体の機能だけではなく、卵胞の発育を合わせて調節することによって、排卵の時間を正確にコントロールし、決まった時期に人工授精を行う方法が普及しつつある。費用がかかるのが難点であるが、不適期に人工授精することはなくなる。

家畜人工授精師という職業

家畜の人工授精が普及することによって新しい職業が誕生することとなった。家畜人工授精師という職業である。人工授精は家畜人工授精師によって支えられている。獣医師も人工授精にかかわるが、家畜人工授精師の人工授精の普及に果たす役割は大きい。獣医師については情報も多いが、家畜人工授精師について知る人は少ないのではないだろうか。

家畜の人工授精を行うには、わが国では獣医師か家畜人工授精師の免許をもつことが必要である。

「家畜人工授精とは牛、馬、めん羊、山羊、又は豚の雄から精液を採取し、処理し、及び雌に注入することをいう」と定められ、「獣医師又は家畜人工授精師でない者は、家畜人工授精用精液を採取し、処理し、又はこれを雌の家畜に注入してはならない」となっている。これは「家畜改良増殖法」という法律に定められている。家畜改良増殖法（昭和二五年法律第二〇九号）は、「家畜の生産を振興し、国民に質のよい畜産物を安定的に供給し、食生活を向上させるため」につくられたもので、わが国の家畜の改良増殖を計画的に推進することを目的としている。種雄としての検査に合格して「種畜証明書」の交付を受けたウシ、ウマ、ブタの精液を用いて人工授精により家畜の改良増殖を行う基礎をなす法律でもある。

このような法律によって定められた家畜人工授精師になるためには、都道府県知事が発行する免許の交付を受けなければならない。免許を得るためには家畜人工授精に関する講習会の課程を修了して、その修了試験に合格しなければならない。講習会は都道府県あるいは農林水産大臣の指定する者が行うことができる。私の所属する東北大学も指定を受けているので、大学で科目や実習を履修し、合格すると家畜人工授精師の資格が与えられる。学生には人気のある科目であり、毎年、応募者が多く、履修をことわらなければならない学生が出るほどである。

講習科目は畜産概論、家畜の栄養、家畜の育種などの一般科目、精子生理、種付けの理論などの専門科目、そして発情鑑定、精液や精子検査法などの実習からなる。大学の畜産学科などを卒業すると一般科目、専門科目の試験は免除されることが多い。腕のよい家畜人工授精師は十分な収入が期待できる。独立して家畜人工授精師として活躍する技術者も増えている。

優良種雄の作製と獲得競争

わが国の人工授精の普及には農林水産省はじめ、多くの機関が貢献した。家畜生産に大きな影響を与えたことは、人工授精がきわめて有効な技術であることに起因するのは間違いない事実であるが、かかわった研究者たちの情熱も成功に導いた大きな要因である。研究者の集まりである学会組織も技術開発、普及に大きな影響を与えた。とくに、昭和三五年に京都大学農学部の西川義正教授により組織された凍結精液研究会は、その後、名称が変更され、日本胚移植研究会とよばれるようになったが、設立から今日に至るまで人工授精の普及に果たした役割は大きい。なお、西川教授は人工授精の実施にあたって精液を雌に注入する場合、子宮頸管の入口に注入するよりも子宮頸管の奥のほう（深部）や子宮のなかに注入するほうが受胎率が高くなることを明らかにし、いわゆる「深部注入法」を提案したが、その考えはいまでも家畜人工授精師に引き継がれている。

神戸牛、松阪牛など、霜降り肉を生産することで有名なわが国固有の在来種である和牛の生産において、人工授精技術の果たした役割はきわめて大きい。それぞれの産地は優良な雄をもち、人工授精により遺伝的資質の改良を行ってきた。すばらしい和牛を生産するには、いかに優良な雄ウシをもち、その精液をいかに有効に使うかにかかっている。そこで各産地とも優良な雄ウシの生産に努力し、他の産地よりも優良な雄をもとうと競争してきた。また、農林水産省はこのような動きを後押しし、特

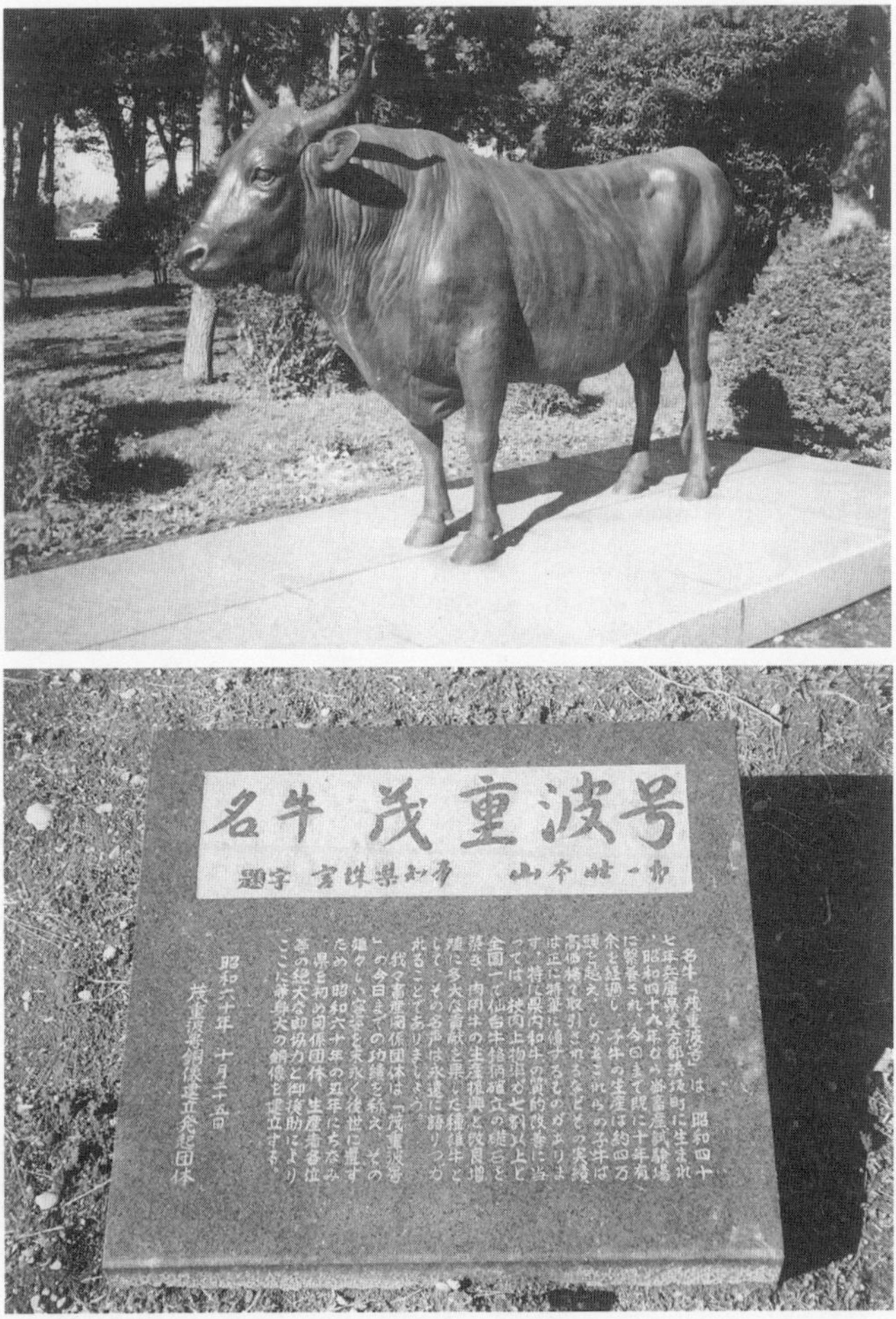

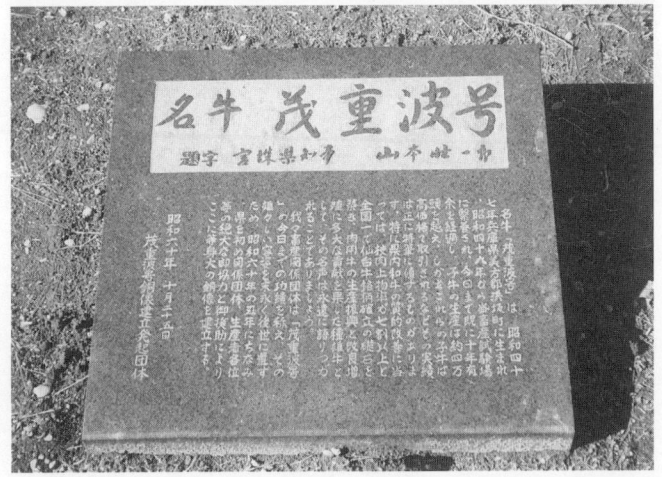

図 **2.6**　4万頭の子孫を残した種雄（茂重波）の全身像（上）とレリーフ（下）.

定の産地を育種組合として認定し、閉鎖的な和牛の改良を進めてきた。その骨格となるのが、地域独自に優良な種雄をもつ仕組みであった。とくに、宮城県が所有した「茂重波（しげしげなみ）」という種雄の評価は高く、この種雄由来の子どもが約四万頭も誕生したといわれている。茂重波の貢献に感謝して、その全身像がつくられ、現在、宮城県畜産試験場に設置されている（図2・6）。

このような動きと並行して、全国レベルでの家畜改良の底上げを目的として（社）家畜改良事業団（事業団）が設立された。ここが中心となって全国で等しく利用可能な優良種雄ウシを生産し、その精液を供給している。しかし、優良な雄の精子に対する需要が高く、特定の雄の精液に希望が集中するようになっている。少し細かくなるが数字で紹介しよう。一九九五年度には、事業団は全国で必要な精液の七割にあたる九一万本の精液のストローを全国に配付している。一頭の雄の精液生産能力は、年間十数万本であり、これ以上の生産は生理的に不可能である。そのようなことから特定の雄に需要が集中すると、精液の取引価格が定価の一〇～一〇〇倍にも達することもある。一方、米国やオーストラリアなどでは、わが国への牛肉輸出増大を目指して真剣な取り組みがなされている。日本人の嗜好に合う和牛の生産とその輸出も大きな課題であり、そのため精液を日本から導入して、肉質の改良が試みられている。

さらに多くの国で優秀な雄をもつ努力が継続的になされている。たとえばイタリアの興味深い試みを紹介しよう。精液を供給する種雄ウシとしてイタリア国内外のトップ一％の種雄ウシを選抜し、雌ウシは、国内の登録牛約一〇〇万頭からトップ一％の雌ウシを選抜し、計画的に人工授精を行う。この計画的な人工授精により毎年、約五〇〇頭の雄子ウシを生産する。その後、疾病、遺伝的能力、増体性、精子の活力などを検査し、約四〇〇頭にしぼる。これらから雄一頭あたり一〇〇〇本の精液を用意し、人工授精する。その後五年間にわたって、その子どもの能力を判定し、その雄の最終的な能力を判定する。このようにして約四〇頭をピックアップし、種雄ウシとして使う。

以上のように、人工授精と凍結精子の普及により、優良な雄をもつことが、家畜生産における地域間競争や国際競争に勝利する条件となっている。このような動きは、今後、より多くの地域や国を巻き込んでいくことになると予想される。営々と続いてきた家畜生産の歴史のなかで、技術が産業のありさまを変える新しいページが開かれたのである。

2 胚移植の発想

記録によれば一八九〇年、ヒープ（W. Heape）が、ウサギで胚移植により子どもを誕生させている。これが胚移植の最初の成功例と思われるが、その後、すべての家畜種において、胚移植により子どもが誕生するようになっている。胚移植を行った最初の動機は定かでないが、このことにより、受精し、発生した胚が子どもに成長するという事実は確実に認識されるようになっただろう。その後、この胚移植技術は、家畜生産とドッキングし、優良個体の増産という明確な目的の下で発展することとなった。

優良雌を用いる増産の発想

子どもの形質には雌の遺伝子も関係する。これは明白な事実であるが、人工授精が実用化され、普及し、優良雄の利用が軌道に乗ると、つぎに優良雌の利用に焦点があたるようになった。優良な雌に、優良な雄の精子を導入することにより、優良な子どもができる。これは家畜の遺伝学の基本である。そこで胚移植が注目され、さらに過排卵技術とドッキングすることによって、胚移植は家畜生産においてきわめて重要な地位を占めるようになった。いまでは、過排卵、胚の回収、胚の凍結保存、発情の同期化、仮親への胚の移植といった一連の胚移植関連技術が開発され、家畜生産の現場を動かすまでに成長してきている。まず、過排卵について紹介しよう。

胚移植と過排卵のドッキング

家畜の卵巣には数十万個の卵子が存在するが、排卵数は種によって決まっている。ウシでは一回の性周期に一個である。また、妊娠期間が長いために、雌が生涯に妊娠できる回数は限られることから、優良な雌がいたとしてもきわめて少数の子どもしか得られない。このような限界を越えるために登場したのが過排卵誘起である。過排卵誘起とは種固有の排卵数を越えて多数の卵子を排卵させることをいうが、一頭の雌が生涯に残すことのできる子孫の数は、過排卵技術と胚移植技術をドッキングすることによって大きく増やすことができる。卵子は卵巣のなかで卵胞に包まれているが、卵胞の発育を促進させる性腺刺激ホルモンを注射することによってそれが可能になる。

現在の過排卵技術では、ウシ、ヒツジなどでは自然に排卵させた場合の五倍ほどの卵子を排卵させることができるようになっている。しかし、個体間のばらつきがきわめて大きい。まったく排卵しない個体がある一方、多数の卵子を排卵する雌もある。しかし、平均してみれば、過排卵と胚移植をドッキングすると普通より多くの子どもを得ることができる。

反復過排卵、すなわち過排卵を繰り返すことも可能である。三回以上繰り返すと排卵数が減ることが多いが、性腺刺激ホルモンの投与間隔を長くすることなどによって排卵を繰り返すことが可能である。

胚移植はどのように行われるか

胚移植とは、卵管や子宮からその内腔に浮遊する胚を取り出し、別の個体の卵管や子宮に移植することである。卵管の内腔は浮遊する胚の大きさに比べるとはるかに大きい。子宮の内腔はさらに大きい。また、卵管も子宮もその内腔はヒダをなし、複雑な構造をしている。そのなかから直径一五〇～三〇〇ミクロンの胚を取り出さなければならない。胚を取り出すには熟練した技術が必要である。

かつては手術して開腹した後、卵管や子宮を取り出し、その内腔を液で洗うことによって胚を採取したこともあったが、技術の進歩により、手術を行わずに採取することができるようになっている。

受精卵は、三日間ほど卵管内にあり、その後、子宮へ下降する。卵管にある間に流し出せば、より多くの受精卵（胚）を得ることができるが、熟練技術者でも胚を一〇〇%回収するのはむずかしい。子宮に下降した胚の回収はむずかしいが、子宮から回収した胚を移植すると妊娠率が高いので、子宮内から胚を回収することが多い。

ウシでは、体を傷つけることなく、特殊な器具（バルーンカテーテル）を膣から子宮に入れて胚を回収することができる。先端部分にバルーンをつけたカテーテルを膣、子宮頸管を通して子宮に入れ、まず空気送入口から空気を吹き込んでバルーンをふくらます。つぎに液を子宮に注ぎ込み、子宮のなかに満たす。バルーンは注入した液が外へ漏れ出ないように子宮に栓をする役割をしている。その後、回収口から子宮のなかを満たした液を流し出し、胚を回収する。かつて農林水産省畜産試験場の研究者であった杉江佶博士がパイオニアとなって開発された方法であり、現在でも多くの技術者によって受け継がれている方法である。

3　体外受精の誕生と産業化

精子と卵子が合体し、新しい生命が誕生する事実は、実験生物学が誕生して以降、下等動物での実験でしだいに明らかにされてきた。しかし、哺乳類で明確な事実として認知されたのは、体外受精の成功した二〇世紀半ばである。一九五九年にチャン（M. C. Chang）、一九六一年にオースチン（C. R. Austin）によって、精子と卵子を体外でかけ合わせると受精することが明らかにされ、その後、受精した卵子を仮親の子宮に入れ、子どもにすることにも成功した。

このような体外受精の成功もまた、人工授精、胚移植に続き、アニマルテクノロジーの新しい幕開けを意味するものであった。体外受精はその後、家畜生産はもとより、ヒトの不妊治療にも応用され、大きな影響力をもつこととなった。とくに家畜では、屠場に出荷された雌ウシの卵巣を使う発想とドッキングし、現実の家畜生産を動かす技術になっている。

屠場の卵巣由来の子どもの誕生

屠場には毎日、多くの家畜が出荷される。出荷された家畜の雌には卵巣がついている。このような卵巣がいま、高度に利用されるようになっている。

肉を生産するウシとして和牛の価値は高い。乳を出す乳牛の肉は和牛に比べ評価は低い。そこで誕生したのが屠場に出荷された和牛の卵巣を使うという発想である。卵巣から卵子を得て、体外で成熟（*in vitro* maturation, IVM）させ、受精（*in vitro* fertilization, IVF）させ、着床が可能な発育段階まで体外で培養（*in vitro* culture, IVC）する。これをＩＶＭＦＣとよぶようになっているが、ＩＶＭＦＣを和牛で行うわけである。ＩＶＭＦＣでつくられた和牛の胚を乳牛の子宮に移植し、子どもを得る。乳牛から肉牛を得るわけである。乳牛は妊娠しなければ乳を出すことができない。そのような

図 2.7　1972 年に京都大学農学部附属農場において受精卵移植によりわが国ではじめて誕生した子ブタ．

ことから、この技術は「一石二鳥」を狙う技術であり、いま、まさに「一石二鳥」が実現している。体外受精技術はこのようにして家畜生産に定着することとなった。

私は、このような技術の草創期に深くかかわったので、思い出の多い技術である。どのようにして、このような技術が動き出したか紹介しよう。

私は、大学院修士課程ではブタと格闘した。幸い受精卵移植により、わが国で最初のブタを誕生させることに貢献できたが（図2・7）、博士課程に進学するようになり、テーマを変えることになった。動物舎でウサギやネズミを飼育して実験していたグループに加わりたいと思ったが、スペースがなく、また、動物を飼育するケージは自分でつくることが条件であったため、あきらめ、別のテーマを探した。一九七三年のことである。

当時、岡崎市にある国立基礎生物学研究所の金谷晴夫所長が、長濱嘉孝博士や岸本健雄博士とともに強力なグループをつくって、活発にヒトデや魚の卵子の成熟について研究をされていた。卵成熟誘起因子がヒトデでは1-メチルアデニンであることや、卵子のなかに卵成熟促進因子があると報告し、国の内外から注目されていた。私もそのような研究を哺乳類で行ってみたいと考え、屠場の卵巣に目をつけた。屠殺して死亡した個体から卵巣を取り出し、実験室にもち帰り、卵子を得て実験に使おうとしたわけである。そのような卵巣から分離した卵子はすでに死んでいるかもしれないと思ったが、生きていた。試行錯誤の後、培養すると成熟し、受精可能な時期まで進むことがわかった。具体的にどのようにしたか紹介しよう。

屠場の朝は早い。そのため朝早く屠場へ行く準備をする。ビーカーに生理食塩水を入れ、暖める。温度計で正確に暖める。そして魔法瓶を二つ用意し、暖めた生理食塩水を入れる。温度計をもち、屠場に向かう。私が学生時代を過ごした京都の屠場には副生物組合というところがあって、そこが卵巣を扱っていた。そこに顔を出す。長靴を借り、現場に向かう。ときどき、ウシやブタの悲鳴を聞く。ウシやブタが殺されているのだと実感する。逆さにつるされ、頭部を切り離された家畜がレールに乗ってやってくる。腹部を切開すると内臓が垂れ下がり、背に付着する子宮や卵巣が現れる。術者が内臓とともに子宮や卵巣を切り離し、獣医師の待つ検査台にほうり投げる。私は獣医師の横で魔法瓶とはさみをもって待つ。獣医師が切り出してくれた卵巣をもらい、付着する脂肪や卵管組織などをはさみで除去する。濾紙で表面をふき、魔法瓶に入れる。ときどき温度を測り、もう一つの魔法瓶に用意したお湯を加えて温度を調節する。そして実験室に卵巣をもち帰る。

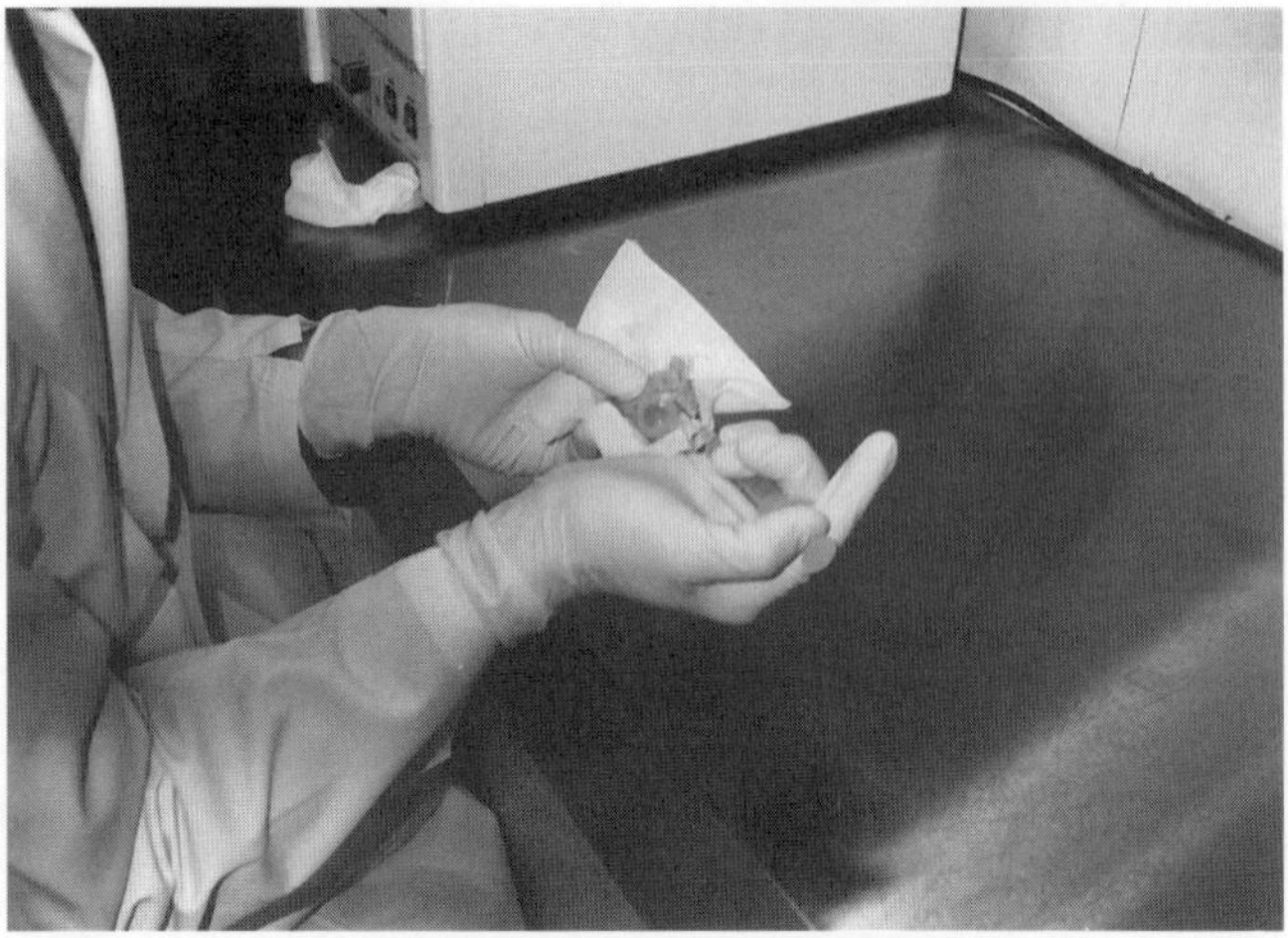

図 2. 8　ウシ卵巣からの注射器での卵胞卵子の吸引採取.

卵巣の表面にはふくらんだ卵胞が観察される。注射針を卵胞に刺し、注射器で内容物を吸引する（図2・8）。一個の卵巣には、多いもので数十個の卵胞が観察できる。それらすべてに針を刺して吸引する。注射器にたまった卵胞の内容物を時計皿に入れ、顕微鏡で観察しながら、卵子を探す。卵子の周囲を細胞が取り巻いている。ウシの卵子は黒いのでわかりやすい。卵子をみつけたらピペットで卵子を吸引し、別の時計皿に移す。そして卵子を洗う。あらかじめ用意していた培養シャーレの培養液のなかに、洗った卵子を入れ、二日ほど培養する。そうすると卵子は成熟し、受精が可能となる。その後、精子を入れて受精させる。受精させた卵子は培養を継続する。このようにすると移植可能な胚をつくることができる。私にとっては、思い出多い実験であり、多くの方々を思い出す。京都大学農学部の入谷明先生とは先生の車で屠場に通い、体外受精の実験を繰り返した。入谷先生はその後、努力され、再現性の高いウシの体外受精法を確立され、国際的に高い評価を得ることとなった。

このような実験が基礎となり、その後、屠場の卵巣から得た卵子由来の子どもが誕生するようになった。屠場の卵巣を使う体外受精技術の開発により、それまで廃棄物として処理されていた卵巣が、個体をつくりうる有効な資源として考えられるようになった。それとともに、安定したＩＶＭＦＣの培養方法も開発され、乳牛に、和牛を産ます考えが組織的に実行されるようになった。そして、その流れは力強い動きになり、わが国の家畜生産現場にしっかりと根づいてきている。安価な輸入牛肉に対抗するため、安全で良質な和牛の生産が推奨される。これは消費者の希望にも合致している。このような動きに連携して、さらに体外受精技術が評価されるようになった。すなわち、屠場の卵巣を用いて和牛の受精卵を安価に大量生産して乳牛に移植し、付加価値の高い和牛の子ウシを低コストで生産することが軌道に乗ってきたからである。和牛の子ウシの値段が高いことから、酪農経営にも貢献する。

これを推進するため、一九八九年、（社）家畜改良事業団は体外受精卵の大量生産とその普及を目的として、新たに東京バイテクセンター（現在の家畜バイテクセンター）を設置した。それ以降、わが国の肉牛生産に果たした東京バイテクセンターの功績はきわめて大きい。東京都中央卸売市場食肉市場に出荷された和牛の卵巣を採取し、卵巣から卵子を分離して培養し、成熟させる。産肉能力に優れた雄ウシの精子で体外受精し、培養を継続して胚盤胞を生産する。生産された体外受精卵は全国に

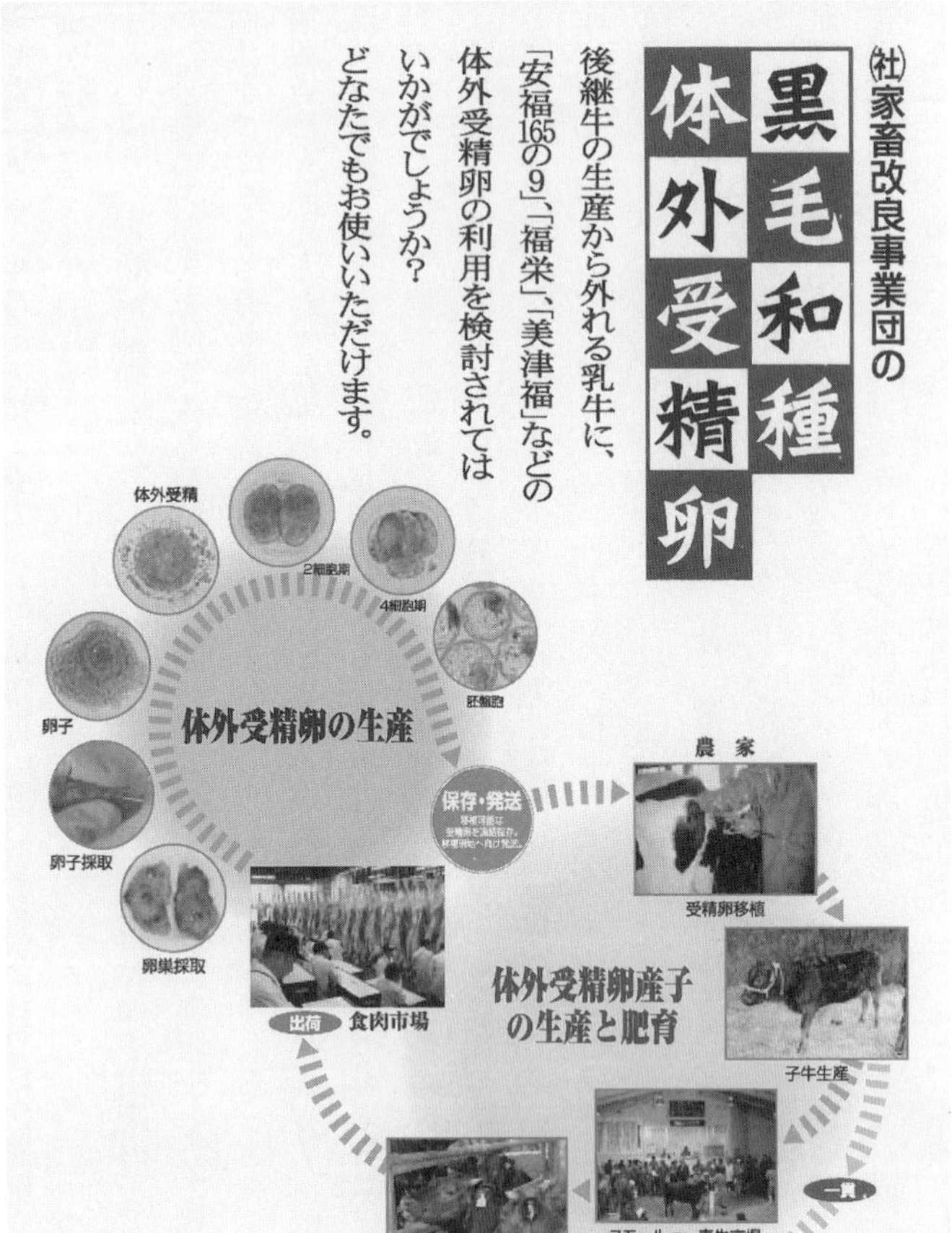

図 **2.9**　（社）家畜改良事業団の黒毛和種体外受精卵の案内.

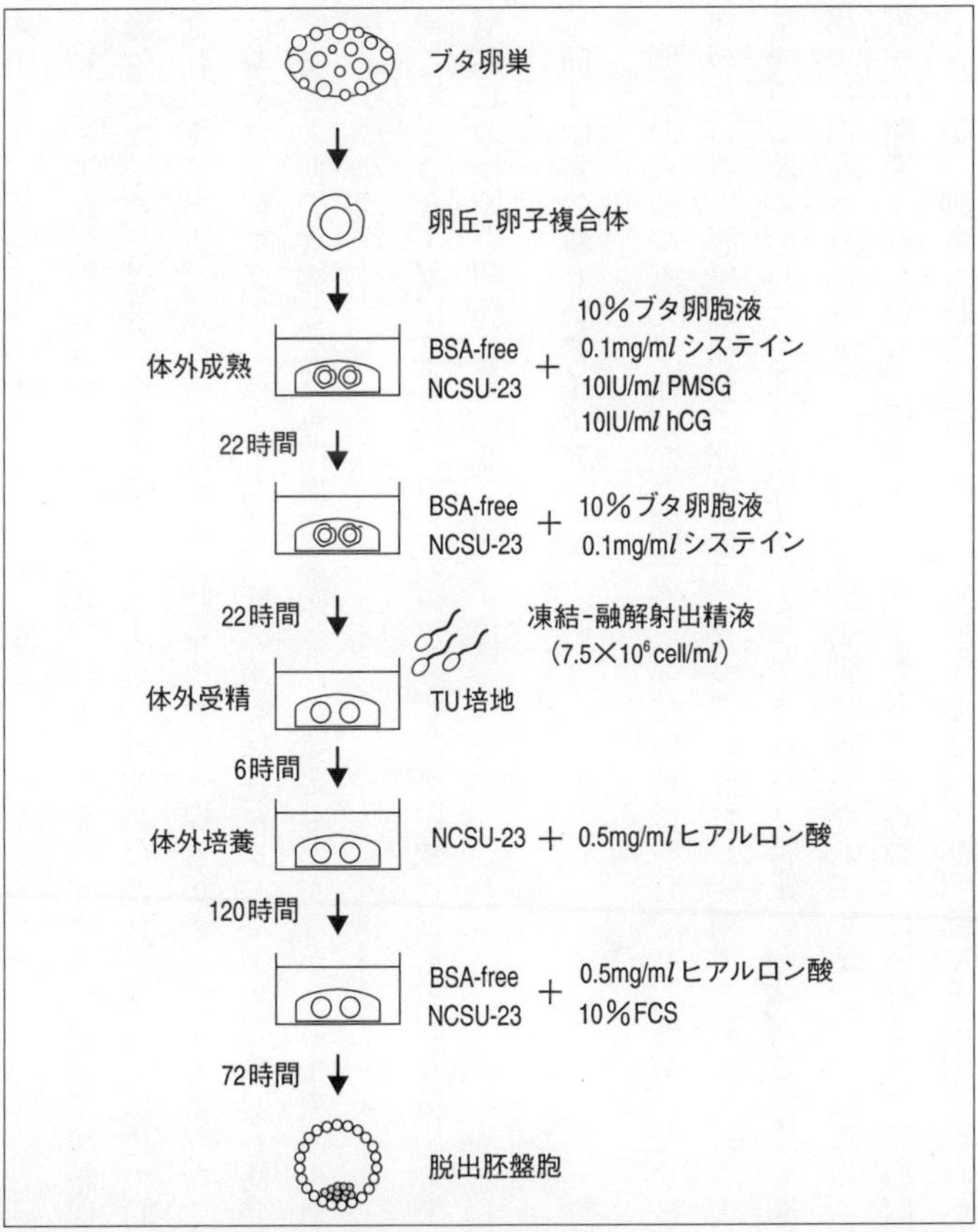

図 2. 10　ブタ卵子の体外成熟・体外受精・体外培養（IVMFC）の方法.

輸送され、乳牛に移植される（図2・9）。

精子の凍結保存に遅れること二〇年、一九七二年にマウスにおいて凍結保存された胚から子どもが誕生した。それ以来、家畜においても活発に研究がなされ、現在では胚の簡単な凍結保存技術が開発されてきている。遠く離れた個体に胚を移植する場合が多い。そのようなことから、胚の凍結保存は胚移植において必須の技術である。胚の凍結保存によって国際間輸送も活発に行われている。かつて、家畜は大型の貨物として専用機で運搬されたこともあったが、いまでは小包として簡単に輸送ができるようになった。

このようなＩＶＭＦＣは、ウシのみならずブタの改良にも重要な技術であり、私たちはブタのＩＶＭＦＣの技術を開発している（図2・10）。

卵子収集の新しいアイデア

卵巣の表面にみえる卵胞から卵子をていねいに採取しても、卵巣のなかには発育途中の卵子が多く残っている。卵巣のなかで卵子は、つぎつぎに発育し受精する能力をもつようになる。そのような卵子発育の波に合わせて卵子を採ることができれば、特定の個体から何度も卵子を採取できる。そこで屠場に出荷されたウシからではなく、普通に飼育されているウシの卵巣から繰り返し卵子を取り出す方法が開発されている。屠場由来の卵子でも、ていねいに記録すればどの個体から得た卵子かは追跡できるが、飼育されている家畜から採取すると、より明確にその由来がわかる。そのようなことから家畜から直接卵子を取り出す方法、ＯＰＵ（ovum pick up）が急速に普及してきている。

4　家畜生産を動かす技術者の心の課題

人工授精、胚移植、ＩＶＭＦＣという技術が誕生したことにより、すでにヒトは家畜の改良や優良家畜の増産を可能にするアニマルテクノロジーの骨格を手に入れたと考えられる。さらに家畜人工授精師というスペシャリストも誕生させ、その推進体制も整備されてきている。技術が家畜生産のありさまを変える時代に入っていることを実感させるものであるが、これらの技術のほとんどは二〇世紀の後半に進歩したものである。そして、これらの技術を基盤として性判別、クローン技術などが登場し、さらに遺伝子改変家畜も誕生している。このような先端的なアニマルテクノロジーについてはつぎの章で紹介しよう。

技術開発は心躍る行為である。開発された技術を普及させるのも使命感に満ちたものである。しかし、完成した技術体系を維持し続けることはむずかしい。ひとつの例をあげてみよう。最近、人工授精による受胎率が低下してきている（図２・11）。この原因は明白である。発情発見の精度が落ちてきているのである。人工授精の成否は、前述したように発情を正確に発見し、適期に授精できるかどうかにかかっている。先端的な技術開発に心奪われて、確立した技術の維持、改良がおろそかになっ

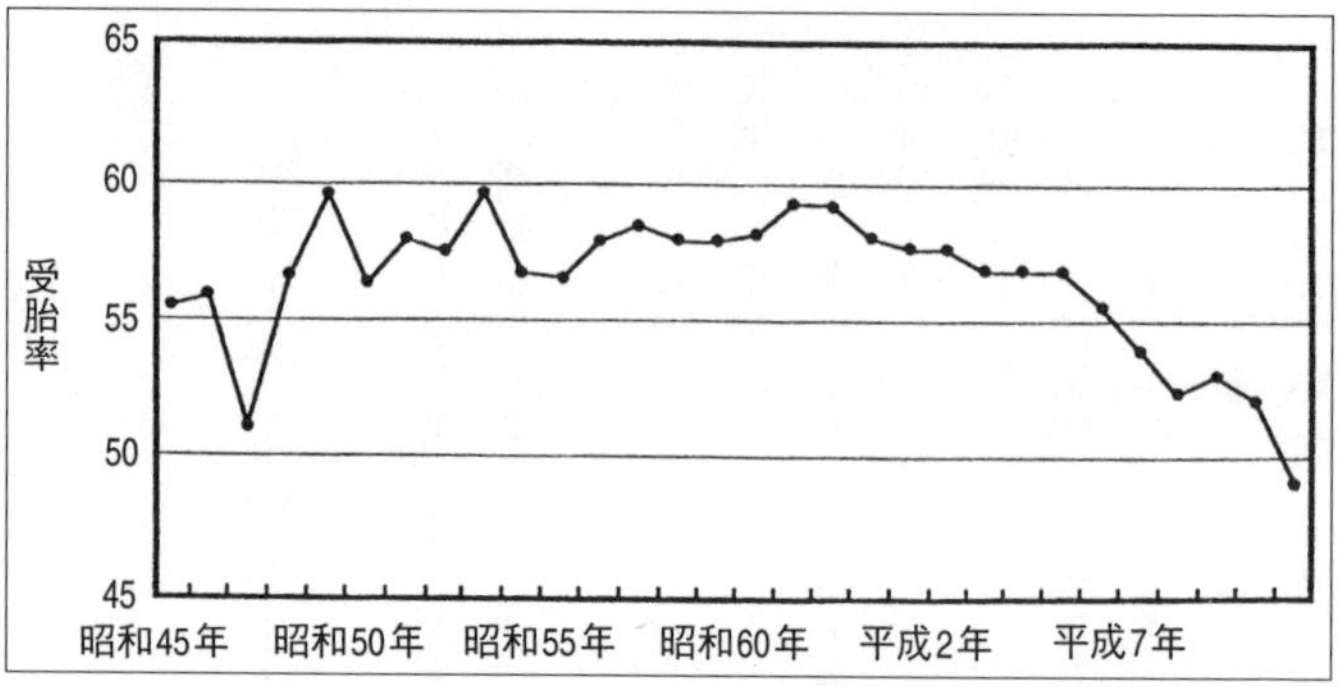

図 2. 11　年度別の乳用牛の人工授精による受胎率．北海道における成績．（小野 2001 より引用）

たからだともいえるのではないだろうか。胚移植、ＩＶＭＦＣにおいても完成した技術の継承が課題となっている。すなわち、アニマルテクノロジーを動かす技術者の心の問題について考えなければならなくなっている。

家畜の改良は黙々と働く多くの人たちの地道な努力によって達成されてきた。いまこそ、人工授精、胚移植、ＩＶＭＦＣを動かす技術者は、人知れず努力した先駆者たちの心を察するとともに、再度、心を引き締めるべきではないだろうか。

5　家畜品種の危機

ヒトはきわめて多様な家畜品種をつくってきた。これは長い歴史のなかで蓄積した多くの人々の努力の結果である。しかしながら、家畜品種は危機にある。人工授精技術が誕生し、それに続き胚移植が生み出だされて以降、研究者は家畜品種の多様性の意義を軽視してきたかのように思える。それは世界が急速に一元的な価値観に支配されるようになってきたのと対応するように思われる。たとえば乳牛を例にしてみよう。欧米やわが国には分娩後、二万キログラムも牛乳を生産する高能力牛がいるが、一方、五〇〇〇キログラムほどしか生産しない発展途上国の低能力牛もいる。どうしても多量に乳を生産する高能力牛がよくみえる。そして、高能力牛品種を導入して、低能力牛を改良したくなる。そのような願望がアニマルテクノロジーの開発を推し進めてきたともいえる。劣ったものを廃棄し、優れたものを高度に利用するということが世界を動かす価値観になっている。このような考えは今後も家畜飼育の基本的な考えとして続くだろう。できるだけ優秀な家畜で必要量を供給する、すなわち、できるだけ少数の優秀な家畜で必要量を供給する考えであるが、このような現在の動向が続けば、どのような家畜品種、個体を維持し、利用するかの考えはより単純化するだろう。

高能力家畜を開発し続けるとどうなるだろうか。ある特定の能力に注目すると、優位な個体から、そうでないものまで序列ができる。優位な個体のみから子どもをつくり続けると、一部の個体に由来する子孫が集団の大部分を占めるようになる。すなわち、一部の個体由来の遺伝子が集団を支配するようになる。人工授精技術や胚移植の技術がそれを加速する。高能力家畜による生産は効率的である。どうしても一部の優良な品種や個体の精子や卵子を使いたくなる。しかし、一部のものを使い続けるとどうなるだろうか。もし隠れた欠陥があれば、その欠陥は集団全体にきわめてすみやかに広がってしまう。また、高能力家畜は、一定の環境条件で能力を発揮するものが多い。さらに、気候のみならず、伝染病など家畜を取り巻く環境が変化したらどうなるだろうか。高能力家畜は高能力家畜として機能するだろうか。

一方、変異は環境に選抜される。それによって絶滅もありうる。私たちは家畜を維持し、今後、何世紀も生き続けなければならない。そのためには、どのような環境にも高能力を発揮する家畜をもつことが必要である。すなわち、遺伝的に多様な集団を維持しながら、さらに環境適応性の大きい高能力家畜の開発を進めることが重要である。優れた遺伝子をもつ集団と遺伝的多様性の保持という、ともすれば相反する二つの命題にどのように対応するのか、アニマルテクノロジーは新しい課題を背負うことにもなったのである。

第3章 先端技術を駆使する——アニマルテクノロジーのフロンティア

遠くからみる牧場の風景は牧歌的である。心なごむ風景でもある。しかし、現代の牧場は技術の挑戦の場でもある。牧場では先端的な技術が活躍している。第2章で述べたように、ウシはほとんど交尾せず、凍結精液による人工授精により子どもを産んでいる。また、体外受精・胚移植も普及し、霜降り肉をつくる肉牛を乳牛に産ませている。さらに、このような技術を基盤にして雌雄の産み分け、双子の生産、体細胞クローン、受精可能卵子の大量生産、遺伝子改変など新しいアニマルテクノロジーのフロンティアが切り拓かれている。

1　雌雄の産み分けと遺伝子診断

家畜は性により商品価値が異なる。たとえば乳牛では雌しか価値はない。肉も雄より雌のものが好まれる。しかし、家畜改良には優良な遺伝子をもつ種雄が必要である。そのようなことから、雌雄の産み分けはアニマルテクノロジーのなかでも特別なものとして考えられ、多くの研究者をひきつけてきたテーマである。そして、正確な性の判定方法や精子や受精卵の洗練された操作テクニックが登場し、雌雄の正確な産み分けが可能になりつつある。研究者は長い試行錯誤の歴史に終止符を打とうとしている。

性の判定技術

家畜の性は、性染色体によって決まる。卵子はすべてX染色体をもっているが、精子にはXあるいはY染色体をもつ二種類（以下、X精子、Y精子とよぶ）がある。受精卵には、X精子と受精しXXの二本の性染色体をもつもの（XX受精卵）と、Y精子と受精しXYの性染色体をもつもの（XY受精卵）の二種類があり、Y染色体をもつXY受精卵が雄になる。したがって、雌雄の産み分けのためにはまず、精子や受精卵の性染色体を知ることが必要である。しかし、X精子であるかY精子であるか、XX受精卵であるかXY受精卵であるか、精子や受精卵をそのまま顕微鏡で観察してもわからない。そこでX染色体、Y染色体を同定する方法が必要となる。

細胞分裂の分裂期に染色体が観察できる。熟練した技術が必要だが、標本をつくり、染色し、顕微鏡でみると染色体が観察でき、よい標本ではXとY染色体を同定することが可能である。この方法で受精卵の性染色体を観察することができるが、細胞数の少ない受精卵ではよい標本をつくるのはなかなかむずかしい。また、精子の染色体はその頭部に凝縮しており、観察できない。この問題を解決するため性染色体の簡単な同定法の開発に力が注がれてきたが、そのなかで登場したのがＤＮＡの解析技術の応用である。染色体の本体はＤＮＡであるが、ＤＮＡ配列が調べられ、XとY染色体には、それぞれ特異的な塩基配列のあることが明らかにされた。この特異的配列をＰＣＲ法やＦＩＳＨ法などの方法を使って解析することにより、X染色体をもつか、Y染色体をもつかの判定が可能となった。このような判定方法の登場により、その後、雌雄の産み分けに関する研究の速度と精度が急速に上昇したのである。

受精卵の性染色体と雌雄の産み分け

性染色体の特異的配列を同定するＰＣＲ法やＦＩＳＨ法が受精卵に応用され、雌雄の産み分けの基礎が築かれた。しかし、胚の細胞をすべて使って性の判定をしては産み分けはできない。胚の細胞の一部を使って性を判定し、残りのものから望みの性の子どもを得るようにしなければならないが、マイクロマニピュレーターを用いることによりそれが可能となった。胚にダメージを与えないようにし

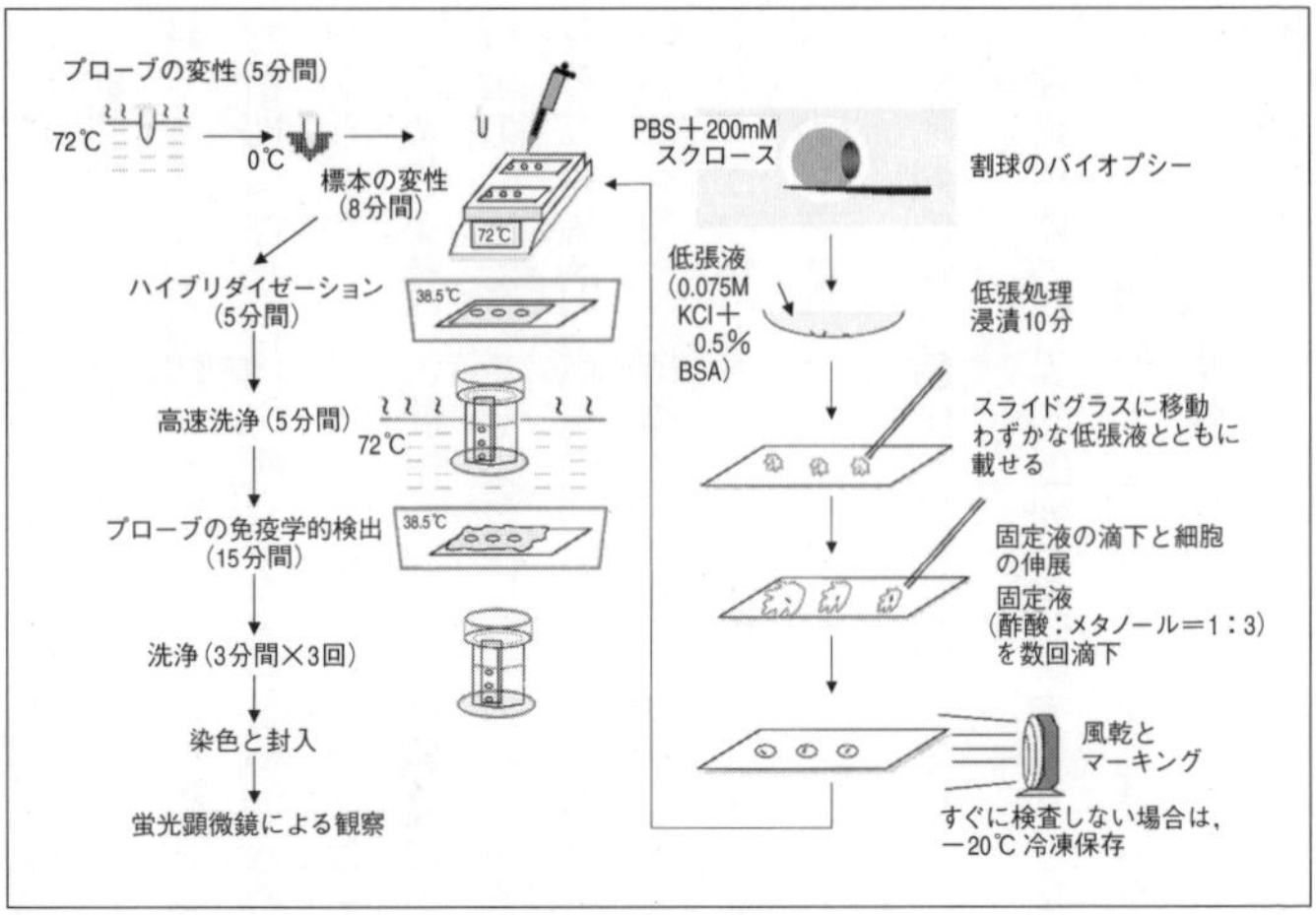

図 3. 1　FISH 法による割球の性判定の手順.

ながら一部の細胞を取り出し、そのなかにX染色体、Y染色体の特異的な塩基配列があるかどうかを調べ、雌雄を判定する（図3・1）。このようにして判定した胚を、仮親の卵管や子宮に移植すると希望する性の子どもをつくることができる。調べる特異配列の種類を増やすことによって精度を上げることができるが、X染色体とY染色体でひとつずつ、その特異配列を調べるとほぼ確実に胚の性判定ができ、雌雄の産み分けができる。

X精子とY精子の分離

X精子とY精子を分離し、分離した精子を使って人工授精したり、体外受精させることにより雌雄の産み分けは可能となる。分離するにはX精子とY精子の違いを知らなければならないが、X精子とY精子では一匹の精子の核酸量に数％の差がある。研究者はこの差を利用することを考え、さまざまな方法を応用し、涙ぐましい努力を繰り返してきた。そして、うまく進まない結果に苦しんできた。それは試行錯誤の歴史でもあった。功を焦った研究者は間違いも犯した。

精子の染色体はその頭部に凝縮して詰め込まれているが、これをどのように観察するかについても試行錯誤が繰り返された。そのようななかで精子の染色体を解きほぐし、FISH法を応用することにより、精子の性染色体を同定することが可能になった。私の共同研究者である小林仁博士（宮城県農業短期大学）はグルタチオンとヘパリンの入った溶液で精子を処理し、精子の染色体をほぐし、FISH法を応用し、ウシ精子の性染色体の正確な同定を可能にした（図3・2）。

いま、正確な性染色体の判定法を応用して、X精子とY精子の分離法が開発されている。そのなかでフローサイトメーターという装置を使って分離する方法がもっとも信頼性が高い。X精子、Y精子のわずかなDNA量の違いを増幅して分離する昔からの考えのひとつではあるが、九〇％以上の正確さで、X精子、Y精子を分離することが可能となった。二〇〇〇年にはブタで性判定を行った精子の人工授精により雌雄の産み分けに成功している。X精子、Y精子を分離して雌雄の産み分けを行う研究は、今後もより高い精度とより簡便な方法を求めて進むことだろう。そして、それが完成した暁には家畜生産にとって必要不可欠な技術となるだろう。

胚の遺伝子診断

性染色体の特異的DNAの同定に端を発した研究がさらに大きな目標に向かって進もうとしている。

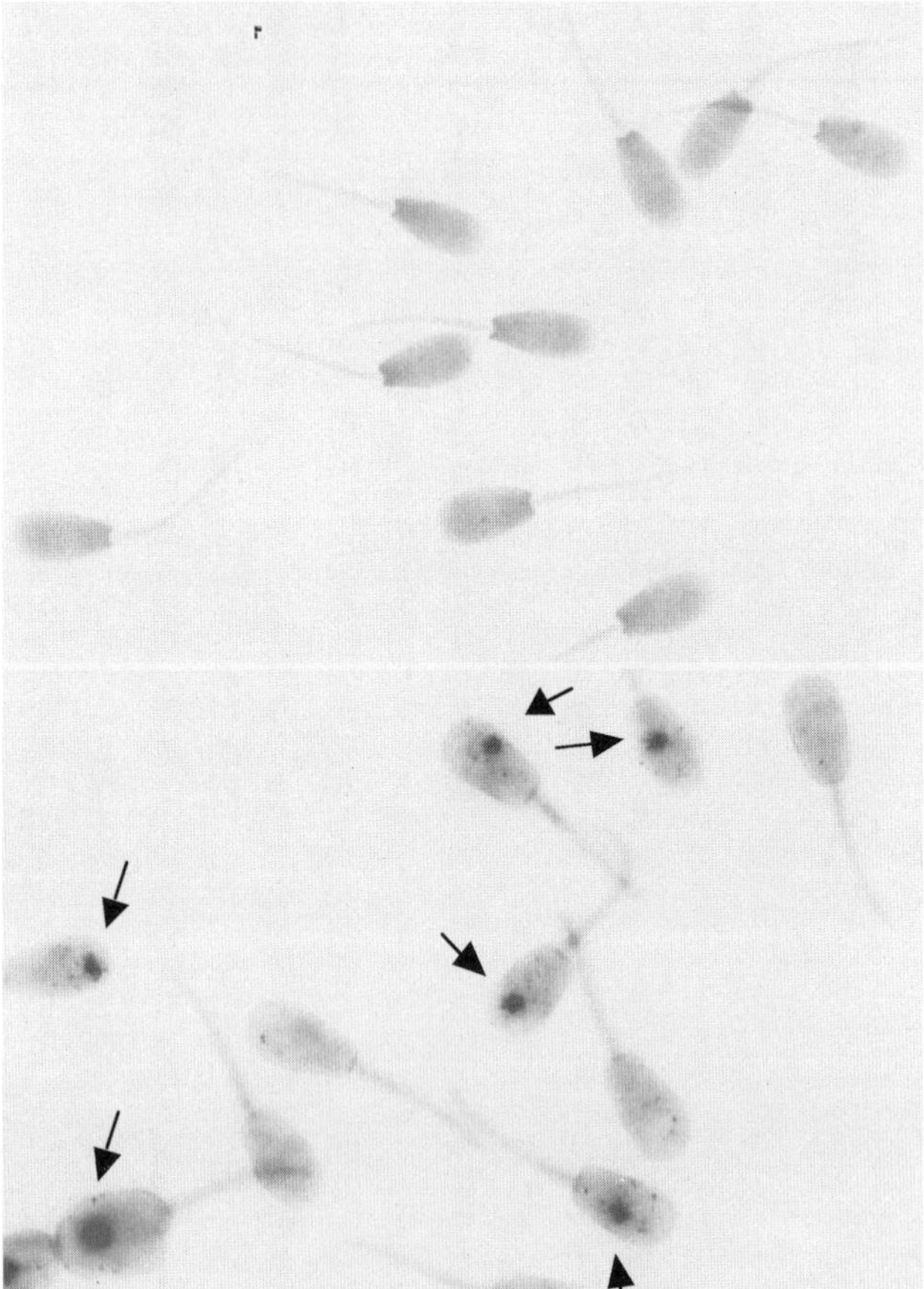

図 3.2　FISH 法により性判別したウシ精子．グルタチオンとヘパリンで処理するとシグナルが観察されるようになる（下）．上は無処理の精子．矢印は Y 染色体特異的シグナルを示す．

表 3.1　家畜改良事業団で検査中のウシの遺伝病.

品種	遺伝病名	症状と原因
黒毛和牛	ウシバンド 3 欠損症	遺伝的に赤血球がこわれやすく，貧血になる病気．赤血球膜の構成タンパク質「バンド 3」の欠損に原因する.
	ウシ第 13 因子欠損症	出血が止まりにくい遺伝病．血液凝固第 13 因子の欠損に原因.
	ウシクローディン 16 欠損症	腎臓疾患を誘起．腎臓の糸球体や尿細管を構成しているクローディン 16 というタンパク質の欠損が原因.
	ウシチェデアックヒガシ症候群	止血異常や血腫の形成.
	ウシモリブデン補酵素欠損症	尿路結石を起こし死に至る病気．キサンチンを尿酸に変化させる過程に関与するモリブデン補酵素硫化酵素遺伝子の欠損が原因.
ホルスタイン牛	ウシ白血球粘着不全症	免疫不全症．白血球を構成する粘着タンパク質遺伝子の異常が原因.
	ウシ複合脊椎形成不全症	胎児の流産や死産を引き起こす．疾患牛は頸部や胸部脊椎の短縮などの特徴があるため，複合脊椎形成不全症とよばれる．脊椎の分化に関する SLC35A3 遺伝子の異常.

それは受精卵や胚の遺伝子診断である。三〇億塩基対からなるヒト遺伝子の全構造を解明しようとするヒトゲノムプロジェクトが社会に大きな影響を与えている。ゲノム地図を作成し、それをもとにゲノムDNAクローンの分離と整列化、塩基配列の同定へと進んできた戦略は終わりに近づきつつある。それに対応してウシやブタの遺伝子の全構造を決定する研究も進み、疾病や乳肉の生産性にかかわる遺伝子が明らかにされつつある。胚の細胞の遺伝子を解析し、たとえば、遺伝病（表3・1）をもつ胚を除去したり、病気にかかりにくいものや乳肉の生産性の高いものを選抜し、その後、胚移植により子どもをつくることも可能である。このような胚の遺伝子診断は、優良な親から確実に優良な子孫をつくる技術として家畜生産に取り入れられるようになるだろう。ヒトでは胚の遺伝子診断は許されない。また、許されたとしても伴性遺伝にともなう疾病の診断などきわめてかぎられたものになるだろう。このようなことから、胚の遺伝子診断は、家畜でのみ許され、家畜生産に大きな影響をもつ、次世代の中心となる技術に成長するだろう。

2　双子の生産

人工授精、体外受精・胚移植、ＩＶＭＦＣなどにより、優良な家畜の精子や卵子を用いる優良家畜の増産が可能になった。さらに、より優良な家畜の増産を目標として、つぎつぎと新しい技術が開発されてきているが、双子生産もそのひとつである。家畜には一頭しか子どもを産まないウシやウマから一〇頭近く産むブタなどさまざまあるが、一頭しか産まないウシでも双子をつくることが可能になっている。性腺刺激ホルモンなどを注射し過排卵させた卵子を受精させ、受精した胚を二個、卵管や子宮に移植することにより、双子をつくることができる。雌雄一個ずつ移植した場合、雌は発育・成熟しても不妊となることが多い。このような不妊の雌をフリーマーチンというが、たがいの胎盤の血管が癒合し、雄胎子由来の物質によって卵巣が異常になるからである。このような弊害も技術の応用によって克服できる。すなわち、胚の性を調べ、同性のものを二個移植することによってフリーマーチンの発症を防ぐことができる。

この場合、受精卵を二個移植しての双子であるが、ひとつの受精卵由来の双子をつくることも可能である。二細胞期の胚の割球をバラバラにして、それぞれの割球を発生させ、卵管や子宮に戻すことにより、双子ができる（図3・3参照）。さらに、もっと大胆な方法でも双子ができる。発生の進んだ胚をナイフで二個に分断し、これらを母親に移植する方法である。このようななかで、遺伝的に同じ個体の増産を目指すクローンの考えが誕生し、つぎに述べる核移植による受精卵クローンや体細胞クローンが登場し、脚光を浴びることになった。

3　核移植技術とクローン家畜

優良家畜の増産という願望は、優良個体のコピーをつくる研究に向かい、クローン作成技術を生み出した。すなわち、受精卵をバラバラにしてクローンをつくるなかで核移植技術が登場した。さらに、核移植技術が進歩する過程で、受精卵の割球や胎児の細胞のみならず、成熟個体の体細胞を用いて個体を誕生させることが可能になった。一九九七年三月、イギリスで体細胞クローンヒツジが誕生したニュースはトップニュースとして世界を駆け巡った。体細胞を、核を除いた未受精卵と融合させ、個体を誕生させたのである（図3・3）。

このような体細胞クローン個体の誕生は、専門家にとっても大きな驚きだった。技術の進歩の速さのみならず、その影響の大きさを想像したからである。まさに優良個体のコピーの増産という願望を達成する究極の技術が開発されたことを実感するとともに、生物が誕生して以来続いてきた生殖の仕方に革命が起き、ヒトを含む動物への影響が大きくなることに驚いたのである。すなわち、個体は死に、有性生殖によって次世代をつくるという高等動物の存立が根底からゆらぐ可能性があると想像したからである。

このように体細胞クローンは専門家の心も動かす技術であるが、その誕生の背景には研究者のユニークな発想があった。受精してまもない胚の割球は、個体にまで発生する能力をもつ。しかし、発生

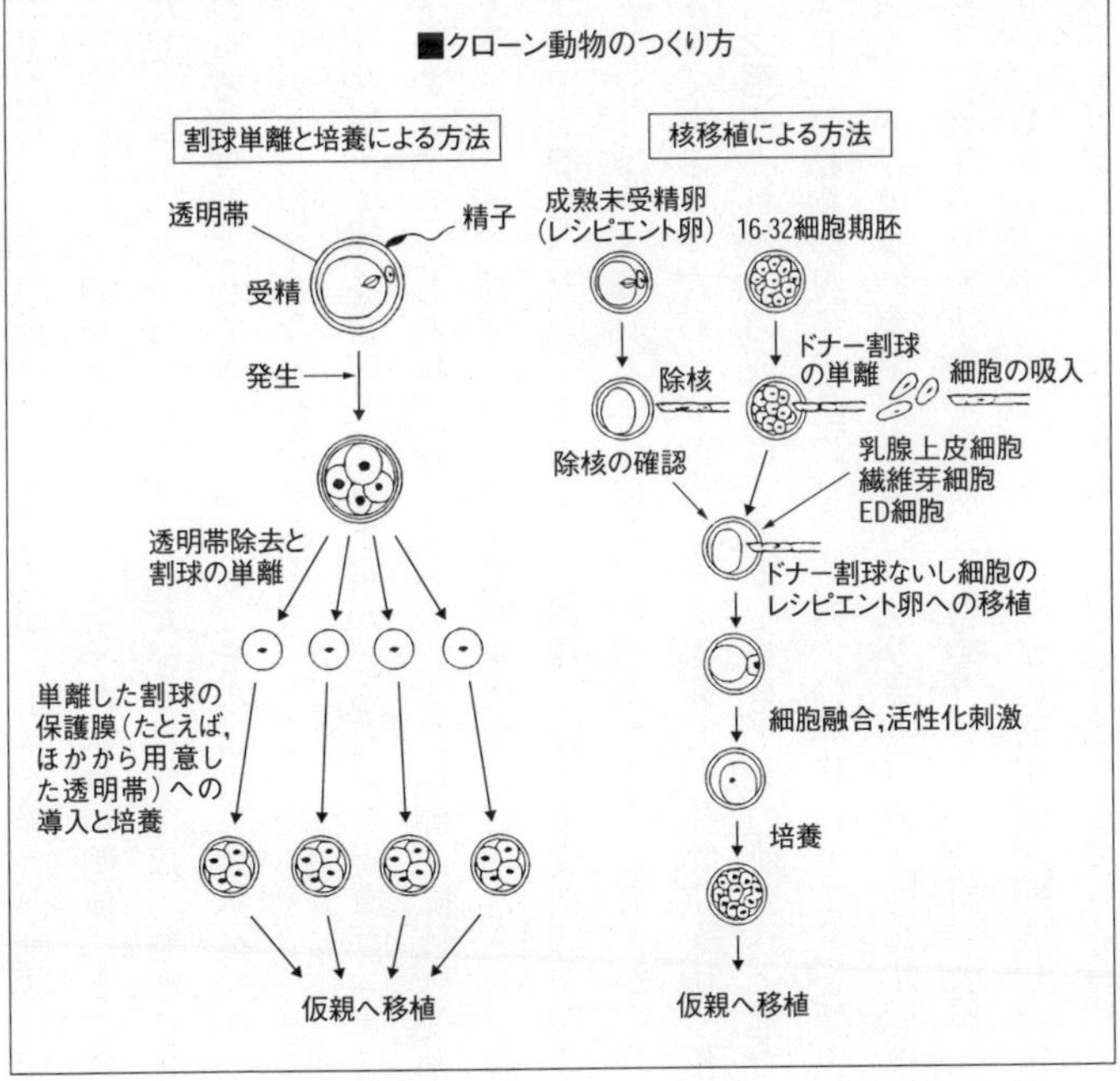

図 **3. 3**　割球の分離と培養によるクローンの作製および核移植によるクローンヒツジのつくり方. 割球についてはウシで行われている方法.

が進むにつれて割球は小さくなるが、小さくなった割球は個体にまで発生する能力を失う。このような現象について研究者は、小さくなった割球が個体にまで発生しなくなるのは、割球のなかの細胞質が足らないからではないかと考えた。生物学では、割球は発生にともない分化し、分化の全能性が失われると説明されてきた。しかし、そのようには考えなかったのである。このことが体細胞クローン誕生のきっかけとなったのである。

生物学の常識をはずれ、細胞質が足らないというユニークな技術的考えを誕生させ、細胞質を増やすため、あらかじめ核を除いておいた未受精卵（除核未受精卵とよぶ）と割球を融合させることを考えた。そして、割球と除核未受精卵を操作し、融合させ、融合した胚を活性化させる技術を発達させ、子どもを誕生させた。このように割球と除核未受精卵を融合させて子どもをつくる技術は、後に受精卵クローンとよばれるようになった。ユニークな考えが生物学の常識を乗り越え、新しい地平を築いたのである。すなわち、技術的考えが新しい生物学を切り拓いたのである。

受精卵クローンの成功は、体細胞クローンの研究へと進むこととなった。受精卵クローンや体細胞クローン動物の誕生の陰には、一九六〇年代にガードン博士（J. B. Gurdon）によって行われたアフリカツメガエルの実験がある。アフリカツメガエルの小腸壁の細胞を除核した受精卵に移植し、個体にまで発生させた実験である。家畜のクローンの研究者が、このような実験を参考としたのは間違いない。しかし、アニマルテクノロジーの研究者が醸成した技術的発想が、体細胞クローンという大きなブレイクスルーを生み出したと考えることもできる。

産業化した受精卵クローン技術

受精卵クローンはすでに家畜の生産に影響する技術に成長している。ウシでは一個の胚から一〇頭以上の受精卵クローンを作出した例もある。また、このようにしてつくった受精卵クローンの胚を使って核移植を繰り返す実験も行われている。このようにすれば、核移植によって無数のクローン個体の誕生が可能になる。実際にはそのようにうまくはいかないが、核移植を繰り返してつくった三世代後の胚の割球から受精卵クローン子ウシが誕生している。

わが国では、二〇〇三年一月末までに受精卵クローンウシはすでに六七〇頭誕生し、多くは食肉として出荷され消費されている。私も受精卵クローンウシの肉を何度か食べたことがある。研究室のコンパの席で焼き肉として食べたりしたが、まったく普通の肉そのものである。学生諸君にも好評であった。たまに立ち寄る居酒屋の主人からは、受精卵クローン牛肉を目玉に客集めをしたいと相談を受けたこともある。なんとかしたいと努力したが、安定した供給に難点があり、いまだ実現していないのが残念である。さらに、受精卵クローンで誕生した雌ウシは、妊娠・分娩し、搾乳も可能である。その牛乳も消費されており、問題が指摘されたことはない。

体細胞クローン家畜の誕生

受精卵クローンが誕生し、その後、胎児の細胞を用いて体細胞クローンが誕生した。そして、ついに六歳の個体の細胞を使った体細胞クローンヒツジが誕生した。イギリスのウイルムット（I. Wilmut）博士らの手によるものであり、前述のように、一九九七年に公表された。一九九八年にはわが国でも体細胞クローンウシが誕生し、その後、ヤギ、ブタなど家畜のクローンがつぎつぎに誕生している。家畜は無数に近い細胞をもっていて、それらの細胞すべてが同じ遺伝子をもっている。このような細胞を除核未受精卵に導入すると、遺伝的に同じ子どもをつくることができる。いま、ヒトは努力の末、すばらしく優良な家畜をもっている。これらの優良家畜の増産にとっては、体細胞クローン技術は究極の技術といえるものである。

世界初の体細胞クローンはどのようにして誕生したか

体細胞クローンヒツジはどのようにして誕生したのだろうか。少し専門的になるが、くわしくみてみよう。体細胞クローンヒツジの作出方法はそれほど特殊なものではない。きっとだれでも訓練すればできる内容である（図3・3参照）。

核移植に用いた細胞（ドナー細胞）はつぎの三種類である。（1）妊娠後期の六歳の雌ヒツジ（フアイン・ドーセット種）の乳腺をバラバラにして得た細胞を、さらに培養して増やした「乳腺上皮細胞」、（2）妊娠二六日齢のブラック・ウエルシュ・マウンテン種の胎児の頭部から分離し、培養した「線維芽細胞様細胞」、（3）ポール・ドーセット種の雌ヒツジの九日齢胚（胚盤胞）を培養して得た細胞。これらのドナー細胞をカルシウムを除いた培養液（牛胎児血清を一〇％含む）に移し、その後、

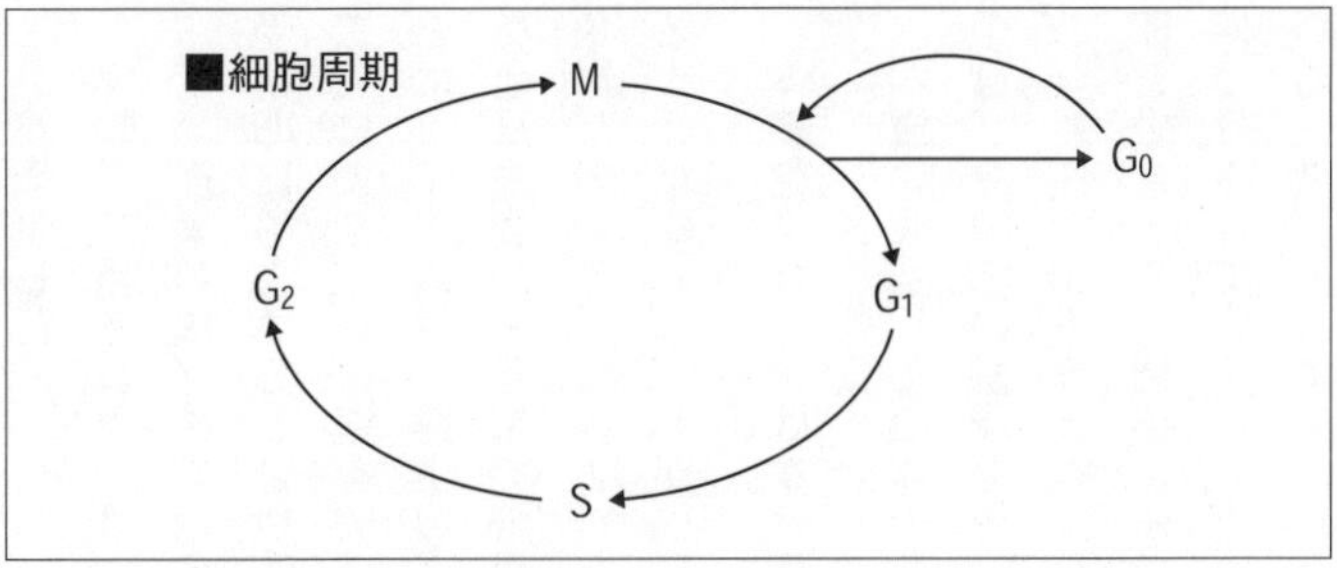

図 3.4　細胞周期．間期と分裂期（M）に分けられ，間期はさらに G_1，S（DNA 複製期），G_2 に分けられる．G_0 とは，細胞周期から外れた状態だが，そこから再び細胞周期に入ることもある．

血清濃度を〇・五％に落とし、五日間培養した。この方法により細胞周期をG_0期に調整した。細胞分裂はM期、G_1期、S期、G_2期に分けられるが、M期からG_1期へ移行せず、細胞分裂周期からはずれた状態をG_0期とよぶ（図3・4）。

一方、性腺刺激ホルモン放出促進ホルモンを注射後二八〜三三時間に、受精可能な卵子（スコティッシュ・ブラックフェース種）をカルシウム、マグネシウムを除いたリン酸緩衝液（牛胎児血清を一％含む）中に取り出し、マイクロマニピュレーターで核を取り除き、除核未受精卵を用意した。このようにして除核した卵子のなかに三種類のドナー細胞をそれぞれマイクロマニピュレーターで導入し、電気刺激により卵子とドナー細胞を融合させ、活性化させた。これらの融合胚をヒツジの卵管で六日間培養し、桑実期ないし胚盤胞へ発育した胚を取り出し、再度一頭の仮親あたり一〜三個移植した。その後、超音波診断により胎児の発育を二週間ごとにモニターし、分娩させた。そして、乳腺上皮細胞から一頭、線維芽細胞様細胞から三頭（一頭は分娩直後に死亡）、胚盤胞由来細胞から四頭の体細胞クローンが誕生した。

実験で注目されたのは、ドナー細胞を血清濃度〇・五％で培養し、細胞周期をG_0期にしたことであろう。従来の核移植ではS期ないしG_2期の細胞の核が使われてきたが、このような細胞の核を除核未受精卵に導入すると染色体数が異常になり、発生がうまく進まなかった。しかし、血清濃度を下げる工夫により、この壁を突破することができたとウイルムット博士はいっている。このような成功をもとにウイルムット博士のグループは特許を申請している。独自の工夫といわれる「核を提供する細胞を血清濃度〇・五％で培養し、細胞周期をG_0期にしたこと」以外にも関連する多くの技術を特許の対象にしている。このような姿勢について違和感もあるが、体細胞クローン技術が家畜生産に応用されるようになれば、わが国にも大きな影響を及ぼすようになるだろう。

体細胞クローンはなぜ話題になるのか

六歳の成熟した個体の乳腺上皮細胞を用いて世界初の体細胞クローンが誕生した。このクローン誕生は、受精卵の割球を用いてのクローン誕生とは大きな違いがある。発生が進むと細胞の核は「分化の全能性」を失うと考えられてきた。しかし、そのように考えられてきた細胞を、核を除いた未受精卵と融合すると個体にまで発生するのである。成体の器官をつくる細胞は特定の働きをするように条件づけられている。このような細胞の遺伝子は特定の働きだけをするように不可逆的な修飾を受けていると考えられてきた。ところが、体細胞クローンヒツジの誕生は、特定の働きをしている細胞（の核）でも、未受精卵に移すと再び「分化の全能性」を獲得することを証明した。体細胞クローンが導き出した生物学の普遍的事実である。

一方、体細胞、とくに成熟した家畜の細胞をドナー細胞とするクローンは、遺伝的に同じ個体をつくるということでは受精卵の割球や胎児の細胞を用いるクローンと同じである。しかし、これらとは決定的に異なることがある。成熟した個体の細胞によるクローンは個体が完成した後に、それと同じ個体をつくれるという意味をもつ。受精卵の割球や胎児の細胞を用いるクローンでも、割球や胎児の細胞を凍結保存しておけば、このようなことが可能になるが、このことによる影響はきわめて大きいものとなる。精子や卵子は、たとえ同じ個体からのものであっても遺伝子が同一ということはない。つくられる過程で染色体が交差し、個々の精子や卵子が多様な遺伝子をもつようになっているからである。すなわち、同じ雌雄どうしが交尾して子どもをつくっても同じものはできない。優良な個体から優良なものが誕生する可能性は高いが、すべてが期待どおりということはない。成熟して肉をつくり、乳を出してはじめてその個体の正確な能力がわかる。したがって、成熟した個体の細胞を使ってクローンがつくれるということは、優良な家畜を確実に増産できるということであり、家畜生産に大きなメリットをもたらす。

家畜でできることはヒトでもできる。第4章で述べるように、家畜を増殖する技術は、ほぼすべてヒトの不妊治療に応用できる。すなわちヒトの体細胞クローンも可能と考えるのが正しいだろう。二〇〇二年末には、スイスに本部をおく宗教団体が、体細胞クローンによりヒトの子どもを誕生させたと報道されている。当然ながら、これに対し批判の声が大きくなっている。体細胞クローンがヒトに応用されるとどのようになるだろうか。家畜では、ひとにぎりの雌雄が選び出され、その細胞を使ってよりよい家畜をつくる動きが強まっている。家畜と同じ論理がヒトへ応用されないとはかぎらない。このような恐れを人々は直感的に察知し、体細胞クローンのヒトへの応用を批判するのだろう。

体細胞クローン家畜の精子

体細胞クローンにより優良な雄が生産されると、種雄の生産にも影響を与えるようになる。優良な雄の精液に対する需要は高く、絶えず需要が供給量を大きく上回っている。需要の高い雄のクローンが誕生し、精液を生産するようになれば、必要な量を十分供給できるようになる。第5章で述べるように、クローンにおいてはミトコンドリアDNAの問題がやっかいであるが、精子のミトコンドリアは受精すると卵子によって排除される。これは卵子のもつ不思議な機能のひとつであるが、卵子はこのような能力をもち、ミトコンドリアDNAの遺伝を行っている。したがって、体細胞クローンの精子を使っても受精卵のミトコンドリアは母親由来のものとなり、普通の受精卵と変わりはない。宮城県で見出された「茂重波」は肉牛の生産に大きく貢献した種雄である。この「茂重波」の精子を使うとどのような雌でもよい子どもをつくるということで、広く人工授精に用いられ、四万頭ほどの子ウシを誕生させている。「茂重波」のような優良雄ウシのクローンがすでに誕生しており、精液採取も可能になってきている。一九九九年二月に家畜改良事業団と東北大学大学院農学研究科との共同研究

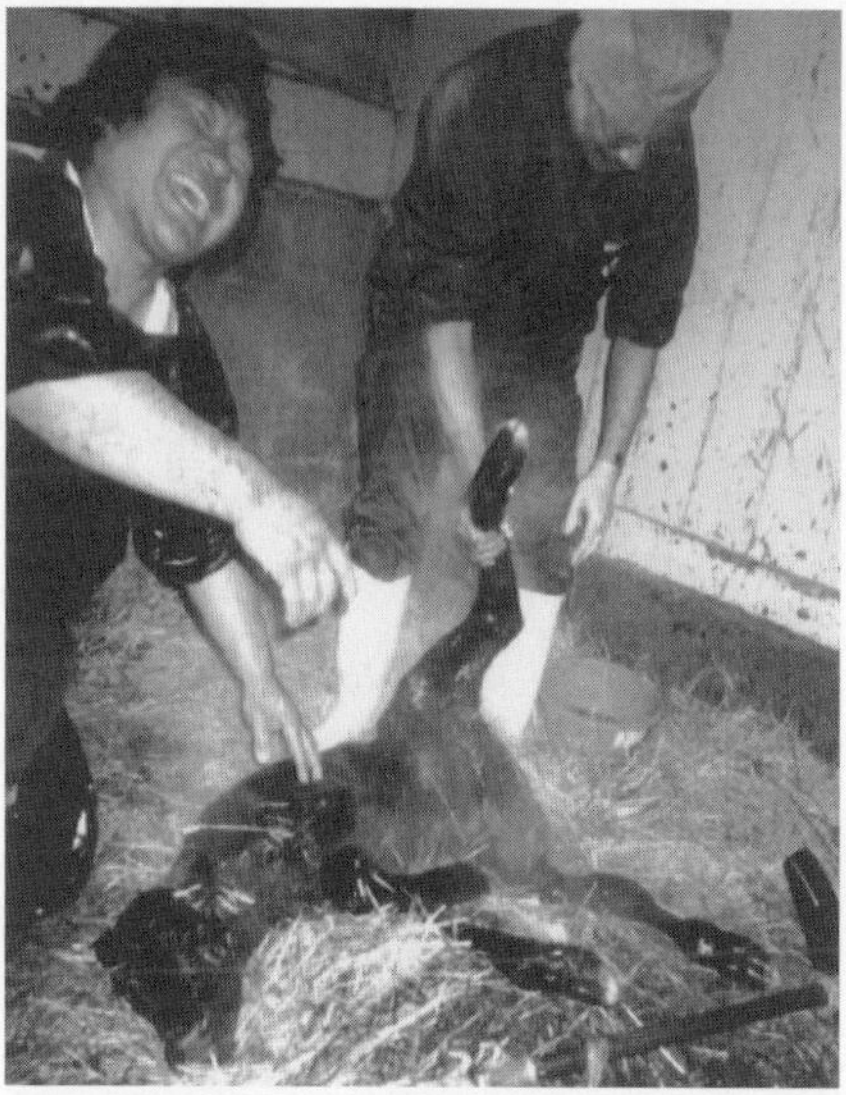

図 3.5　東北大学大学院農学研究科附属農場で誕生した体細胞クローンウシ．

により誕生した体細胞クローンは、優れた雄のクローンである（図3・5）。これをどのように使うか、体細胞クローン研究の課題である。

体細胞クローン技術の限界

体細胞クローンにより、優良家畜のコピーの大量生産が可能である。しかし、いま、優良と判断する個体が、未来永劫、優良とはかぎらない。ヒトが家畜に求めるものは変化する。家畜を取り巻く環境も変化する。そのようなことから体細胞クローン技術にも限界がある。体細胞クローンが普及した場合、家畜の遺伝的多様性を維持し、将来の変化に備えることが必要である。遺伝的に多様な家畜を保持し、その時々の事情により、クローン技術によって優良な家畜を増やすことがもっともよい選択肢であるだろう。

また、クローン技術はあくまでコピーをつくる技術であり、いま以上、優良なものをつくりだすことはできない。さらに改良し、優れた個体を生み出すには、前述したように、受精により、次世代をつくりだすことが必要である。このようなことから、体細胞クローン技術の特徴をよく把握することが重要である。人類にとって、また、わが国にとってどのような家畜が必要なのかを明確にし、その考えに従って体細胞クローン技術の応用を考えるべきである。

体細胞クローン研究の指針

家畜のクローン研究について安全性の面からの批判だけでなく、倫理的な面からの批判もある。アニマルテクノロジーの分野でも、そのような意見をもつ研究者がいる。「畜産の研究」という家畜生産の専門誌に「クローンヒツジ生産技術は受け入れられない」という論文が掲載されている。「われわれによって飼育されている家畜は、人間の心ほど高度でないにしても、それに似た働きをもつ心的な過程を有する」と推察し、さらに「人間は、たとえ家畜であっても、その生命誕生にどこまで踏み込むことが許されるのか、という哲学的、ないしは宗教的な問題について十分に検討がなされて来なかった」ことを指摘している。これに対して同じく「畜産の研究」に「クローンヒツジ生産技術は本当に受け入れられないか」という反論も掲載されている。優良家畜の増殖技術としてクローン技術を認めようという立場であるが、あわせて生命倫理に関する問題を避けて通れないことも述べている。

このような論争はアニマルテクノロジーの分野でも今後、長く続くことになるだろう。

一方、クローンヒツジが誕生して以降、クローン研究の規制について論議されてきた。私は、ヒトへの応用について規制することに賛成であるが、「家畜のクローンも規制せよ」という考えには反対である。クローン研究はアニマルテクノロジーの諸分野に大きく影響しており、研究の規制は社会に大きな損失を与える。また、規制が形式化すれば、アニマルテクノロジーそのものの規制につながる可能性があり、その影響は甚大で、わが国の発展にマイナスである。私は、家畜のクローン研究の規制については、研究者の集団が自主的なガイドラインを制定し、研究者はそれを尊重するという内容にとどめるべきとの意見をもっている。幸い、日本学術会議畜産学研究連絡委員会（畜産研連）の渡邊誠喜委員長の強い意向もあり、その後、第一七期畜産研連はクローン研究を行う研究者が多く集まる組織であることをふまえ、クローン研究の健全な発展を願って、「産業動物におけるクローン個体研究に関する指針」をまとめた（図3・6）。なお、本指針を英文化し、二〇〇一年には世界に向けて発信している。本指針は三つの基本姿勢を遵守することを明確にしている。（1）国の策定する法律、規制、指針、ガイドラインなどを遵守する。（2）諸外国の法律、規制、指針、ガイドラインなどについては、特定の宗教や文化的基盤にもとづくものでないかぎり、十分に配慮し、基本的かつ普遍的な条項については、国内の法律、規制、指針、ガイドラインに準じて遵守する。（3）上記（1）（2）に抵触する恐れのある研究、社会的ないし倫理的な論議をよぶ恐れのある研究については、関連学会ならびに、一般社会の理解が得られるよう十分配慮する。そのために、実施に先立ち研究機関

畜産学研究連絡委員会
獣医学研究連絡委員会
育種学研究連絡委員会
報告

産業動物におけるクローン個体研究に関する指針

平成１２年３月２７日

日本学術会議
畜産学研究連絡委員会
獣医学研究連絡委員会
育種学研究連絡委員会

図 3.6　日本学術会議の対外報告.

ごとに倫理委員会などを設置して、実験の科学的必要性、意義のほか、社会的影響、倫理的側面に十分検討を加える。倫理委員会などの審議の内容は、文書として記録、保管し、開示の要求があればすみやかにこれに応じる。疑義のある問題については、所属機関長などを介して所轄官庁の意見を求める。

この策定にあたっては、舘鄰教授（麻布大学）がワーキンググループの委員長をされた。また、ウシの体細胞クローンを誕生させた角田幸雄教授（近畿大学）や私もメンバーとしてとりまとめに協力し、舘教授の献身的な努力によって指針はまとまった。一方、二〇〇一年六月から「ヒトに関するクローン技術等の規制に関する法律」が施行され、クローン研究においては法律を意識することも必要となっている。家畜クローン研究は多岐にわたっており、法律の条文から判断するのがむずかしい研究も想定される。とくに、「ヒトに関するクローン技術等の規制に関する法律」では、ヒト細胞を家畜の除核未受精卵へ移植する実験についても言及している。家畜クローンとヒトクローンの境界には明解な一線はない。家畜クローンの研究者・技術者も法律や指針を十分ふまえて研究を進めることが必要となっている。

しかしながら、（3）の明確化はむずかしい。今後は、個々の研究者の倫理観に依存する場面が多くなるだろう。ここにひとつの教訓がある。文部省告示第一二九号「大学等におけるヒトのクローン個体の作製についての研究に関する指針」（平成一〇年八月三一日）の解釈をめぐる問題である。「ヒトのクローン個体の作製に関する研究の禁止」について述べる第三条は、「ヒトのクローン個体の作製を目的とする研究又はヒトのクローン個体の作製をもたらすおそれのある研究は、行わないものとする」および「前項の趣旨にかんがみ、ヒトの体細胞（受精卵、胚を含む）由来核の除核卵細胞への核移植は、研究においてこれを行わないものとする」の二つの条項からなる。この条項のなかの「ヒトの体細胞（受精卵、胚を含む）由来核の除核卵細胞への核移植」は、研究者により異なって解釈され、混乱が生じた。「ヒトの体細胞由来核をヒトの除核卵細胞への核移植」と読むか、「ヒトの体細胞由来核をヒトを含めたいかなる動物の除核卵細胞への核移植」と読むかの違いにもとづく混乱である。

ヒトの体細胞を動物の除核卵細胞へ移植し、胚性幹細胞を樹立しようとする世界的な動きのなかで、日本の研究者がヒトの細胞をウシの除核卵細胞に移植し、胚を作製した。これが文部省（現文部科学省）告示に違反するかどうかをめぐって条文の解釈の違いが表面化した。幸い、条文違反とはならなかったが、条文に抵触する実験を独断で秘密裏に行ったということで、その研究者はその後、苦難の道を歩むことになった。研究者個人の判断の是非が世間の批判を浴びることになったのである。アニマルテクノロジーの研究者は、自身の倫理観を洗練させるとともに、倫理をふまえた告示の解釈が必要となっているのである。

4　受精可能卵子の大量生産

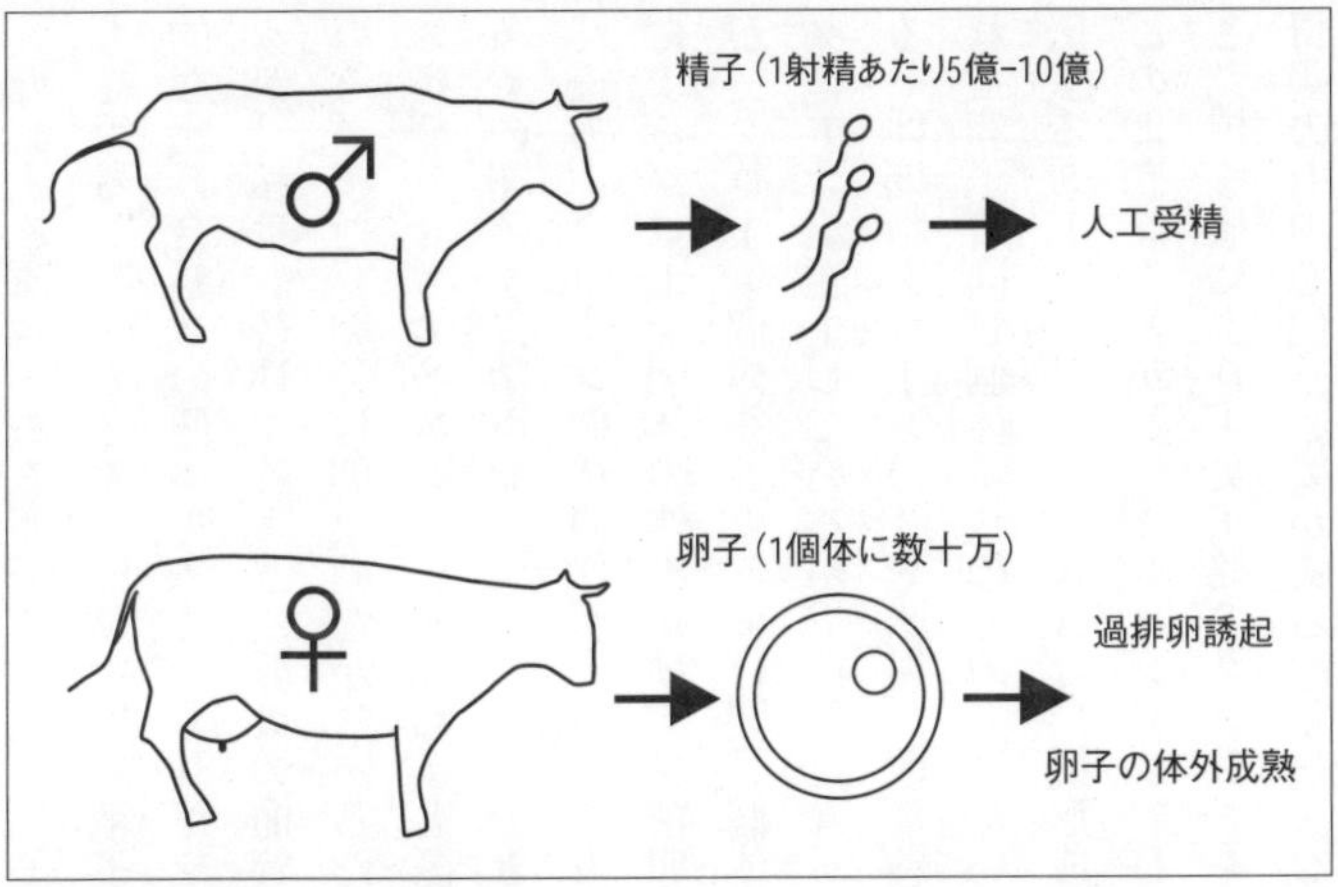

図 3.7　優良家畜の増産戦略.

人工授精が完成し、優良雄の精子を用いて家畜の改良と増殖が行われてきた。無数ともいえるほど精子をつくる雄の性質をじょうずに利用したのである。このような人工授精の成功をもとに優良雌の卵子を使う技術があらためて焦点になってきている（図3・7）。体細胞クローンが誕生して以降、その動きはより強くなっている。

雌は卵子をどのくらいつくることができるだろうか。たとえば、ウシは胎児のとき、一度、数百万個の卵原細胞（卵子のはじまりの細胞）をもつ。その後、不思議なことに大量に死滅し、新生児のもつ卵子の数は一〇万〜二〇万個である。この一〇万〜二〇万個はさらに死滅する。ウシでは一回の発情周期に一個、生涯でも一〇〇〜二〇〇個ほどしか排卵に至らない。その他はすべて死滅してしまう。もし一〇〇〜二〇〇個すべてが子どもになったとしても、卵巣で生み出される卵子の〇・〇五〜〇・一％が子どもになるにすぎない。

死滅する運命にある卵子を救助し、子どもにすることができれば、優良雌家畜からより多くの子どもを得ることができる。優良な雄の精子と受精させれば、いまだヒトがもったこともないような遺伝的な組み合わせの個体を多くつくりだせる。卵子の死滅を予防し、受精可能にすることはできるだろうか。私は、後述するように卵巣の血管の分布を人為的に調節することによって可能になると考えている。また、卵子は卵巣のなかにあるために死滅すると考えている。卵巣には「少数の卵子を選抜して排卵させ、大多数のものを死滅へと誘導する機構」がある。卵子を卵巣から解き放つことにより、多くの卵子を受精可能にすることができると考えている。このような研究をつぎの項で紹介しよう。

一方、クローン個体の作製においても、同じ個体から多くの卵子を得ることが必要である。核移植によるクローン個体の作出には、受精卵クローンであれ、体細胞クローンであれ、卵子が必要であるが、クローン個体をつくるには同じ個体から得た卵子を使うのが望ましい。受精卵クローンや体細胞クローンが誕生しているが、核DNAが同一でも、その外貌はクローンと思われないほど異なっている。体細胞クローンの胚や胎児を取り巻く、子宮内の微小環境が影響したとも考えられるが、用いられた卵子が同じ個体からのものではないことに原因する可能性がある。すなわち、卵子を経由して遺伝するミトコンドリアDNAは形態形成にもかかわり、また、その異常は多くの疾患を引き起こす。このようなことから、ミトコンドリアDNAの違いがクローンの外貌の相違にも影響すると考えられる。核移植により正真正銘のクローンをつくるためには、除核未受精卵として自分のものか、自分の母親のものを使う必要がある。しかしながら、このようなことは実際には非常にむずかしい。そこでミトコンドリアの遺伝子ができるだけ均一な卵子、すなわち、同一個体からの卵子を使うことが考えられる。このようにクローン作出においても、ひとつの個体からの受精可能卵子を大量に生産することが必要となる。

新しい発想の排卵誘発技術

ひとつの個体から多くの卵子を排卵させる、すなわち過排卵についてはすでに第2章で述べたが、性腺を刺激するホルモンが発見されて以降、多くの試みがなされている。そして、一回の発情周期に一個しか排卵しないウシでも、何倍もの卵子を排卵させることが可能になっている。また、OPUによって繰り返して採卵することも可能である。しかし、卵巣には、潜在的には一〇万〜二〇万個の卵子がある。いままでの技術では排卵させられない卵子がある。

私のグループは新しい発想にもとづく排卵誘発法を開発しつつある。これを改良することにより、いままでにないほどの多くの卵子を排卵させることが可能と考えている。その新しい考えと方法（図3・8）を紹介しよう。

卵子は卵胞に包まれているが、卵胞発育のプロファイルを観察すると、血管網の発達と卵胞の一部が選抜されて発育する（これを卵胞の選択的発育という）ことには強いかかわりがあるのがわかる。私のグループでは、数万枚の卵巣の組織標本を観察し、卵胞の発育と血管網のかかわりについてつぎのようなことを明らかにした。まず血管に接触した卵胞が選抜され、発育が促進される。つぎに、選

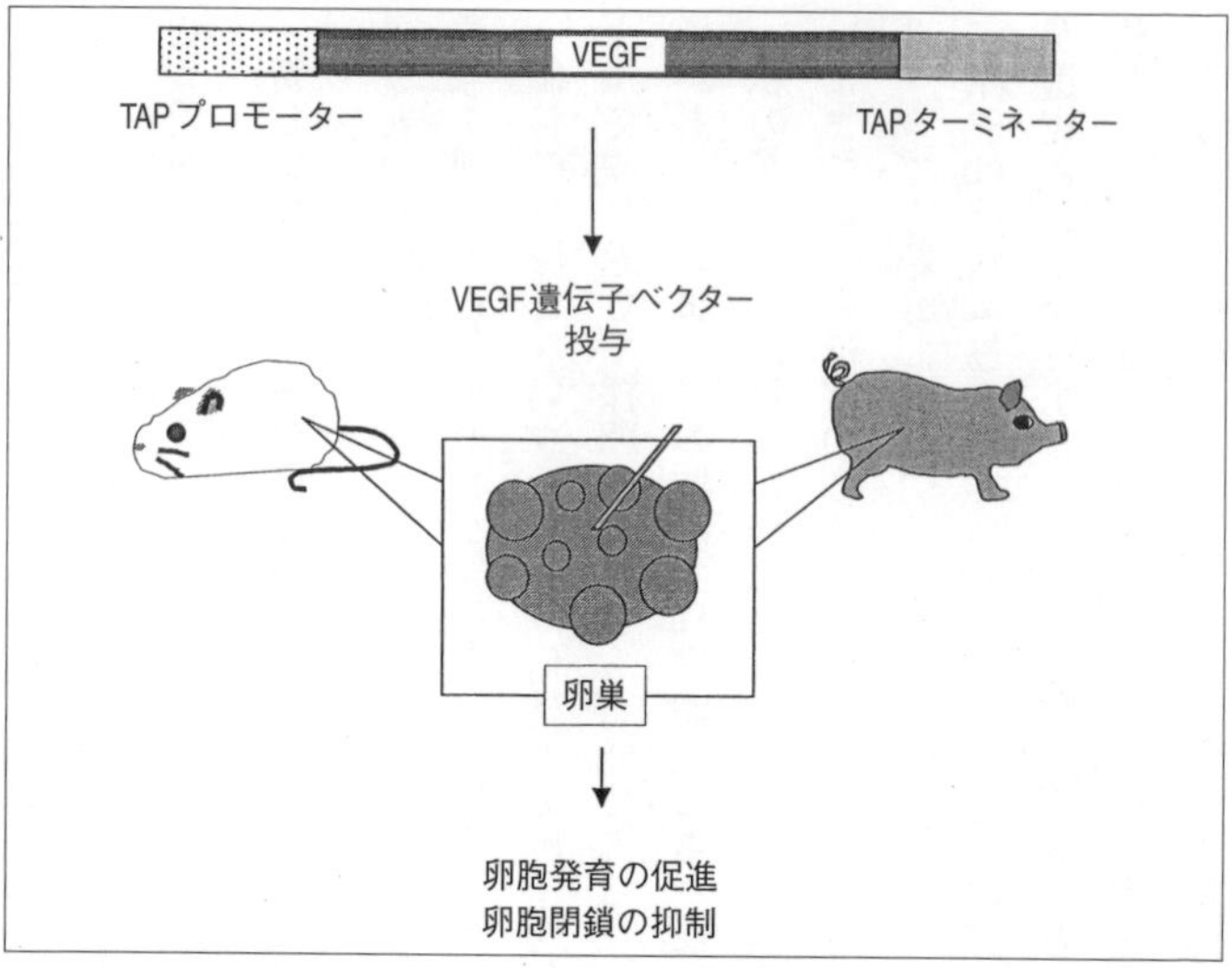

図 3.8　VEGF 遺伝子ベクターを用いる新しい卵胞発育促進・閉鎖抑制法.

抜された卵胞のうち、周辺に血管網の新生を誘起し、豊富な血管網をもつようになったものの発育がさらに促進される。そして、このような卵胞のなかで卵子は卵子特有のかたちに分化する。周囲に豊富な血管網をもつようになった卵胞のなかで、血管の透過性の高まったものが、さらに大きく発育し、排卵へと近づく。血管の透過性が高まった卵胞は急激に発育し、排卵するときの大きさになる。このような卵胞のなかで卵子は成熟し、受精する能力を備えるようになる。すなわち卵胞は血管網との接触、卵胞周囲の血管網の増加、血管の透過性の高まりという過程を経て排卵に至る。これが数万枚の組織標本を観察して得た考えである。

このような観察をもとに私は考えた。卵胞発育にかかわる性腺刺激ホルモンは、卵胞とは異なる遠く離れた脳下垂体でつくられ、分泌され、

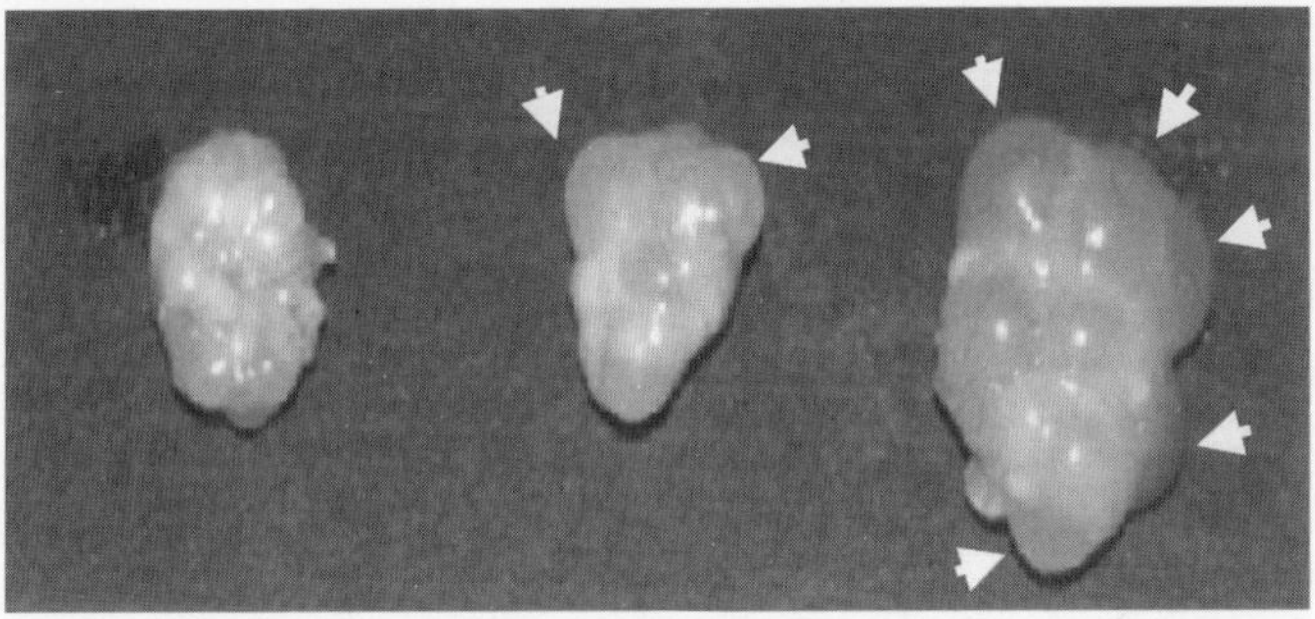

図3.9　VEGF遺伝子ベクターを投与したミニブタ卵巣（右）．対照として無処理（左），hCG処理（中）のものを示す．矢印は排卵に至る卵胞．

血流に乗って卵巣に運ばれる。そして、卵巣のなかの分岐した血管を通って卵胞に届く。血管がなければ卵胞に届くことはない。卵巣には多くの卵胞があるが、太くて豊富な血管は一部の卵胞にしか伸びていない。血管網が多くの卵胞に等しく分岐するとどうなるだろうか。ホルモンは多くの卵胞に届き、機能を発揮し、卵胞発育を促進するだろうと考えた。すなわち、多くの卵胞に太くて豊富な血管を分岐することにより、多くの卵胞を発育させることが可能になるだろうと考えたのである。

このような考えをもとに、卵巣の血管系を制御する方法を考案した。血管内皮細胞の増殖因子によって血管は増殖する。そこで血管内皮細胞の増殖因子を注射したり、その遺伝子を卵巣に直接注射し、卵巣の血管網を増加させる方法を開発した。筑波大学で博士号を取得した清水隆君がグループに加わり、さらに有効なVEGF遺伝子ベクター法が開発された。このようにして血管網を増やした卵巣に性腺刺激ホルモンのひとつであるhCGを注射すると、非常に多くの卵胞が発育する（図3・9）。

一方、卵巣の血管増殖のメカニズムはユニークである。卵巣での血管の増殖はきわめて整然と誘起される。ガン組織や炎症部位での乱雑な血管増殖のパターンとは異なる。このような整然とした血管増殖には、糖の分子が何個もつらなったかたちをもつグリコサミノグリカンという分子による血管増殖因子の活性の修飾が関係する。私は、まずグリコサミノグリカンが血管増殖の部位に整然と蓄積し、そのグリコサミノグリカンに血管増殖因子が結合し、そのことにより血管の増殖が誘導されると考えている。このようなことから卵巣の血管に関する研究は、排卵誘起のみならず、正常組織における血管増殖のメカニズムを明らかにすることにもつながるはずである。

体外での卵子形成

卵巣には大きさの異なる卵子が多数分布する。このような卵子を卵巣から解き放ち、体外で培養することにより、多くの卵子を受精可能にできるかもしれない。いくつかのアイデアが誕生しているが、卵巣のなかの卵子をそれぞれの家畜の卵子の大きさまで発育させて受精可能にする考えと、発育させずに、その能力を改良し、受精可能卵子にできないかという考えがある。

受精し発生するために、卵子は発育し成熟しなければならない。私のグループは、ディブチリルサイクリックAMPという細胞内で調節因子として働く分子が、ウシ卵子の成熟能力を改良することを明らかにしている。ウシ卵子は直径一二〇ミクロン以上で成熟するようになるが、発育途中の直径一〇〇〜一二〇ミクロンの卵子に成熟能力はない。しかし、培養液にディブチリルサイクリックAMP

を加えると、その成熟能力は改良される。さらに研究が進めば、発育途中でも成熟し、受精し、発生することが可能になると考えている。

一方、卵子を種固有の大きさまで発育させようとする研究も進んでいる。まず、卵胞をまるごと培養し、その後、卵胞から卵子を取り出して培養する方法である。このようにして、マウスでは受精可能卵子が得られるようになっている。すなわち、まず直径約二〇ミクロンの小さな卵子を含む卵胞を培養し、卵胞のなかに腔ができたら卵子を取り出して培養を続け、直径約七〇ミクロン（ほぼ完全な大きさ）まで卵子を発育させる。そして、受精させた後、仮親に移植して子どもを得ている。一方、神戸大学の宮野隆博士や（株）機能性ペプチド研究所の星宏良博士のグループが、ウシやブタなどの家畜を用いてこのような研究を行っている。かれらは世界の最前線で活躍しているが、近いうちにわが国でマウスと同じ方法で家畜の子どもが誕生することになるだろう。

現状では卵巣から解き放った卵子がすべて発育するということはない。卵巣の影を引きずっている。しかし、私は卵巣から解き放たれた卵子の多くが、受精可能卵子になる日を夢みている。いつの日か、必ず優れた方法が開発されるに違いない。

卵子研究の新しい課題

一頭の雌から大量に受精可能卵子を得ることも可能になる日がくるだろう。しかし、このようなことと並行して進めるべき重要な卵子研究の課題がある。それは未受精卵の凍結とミトコンドリアDN

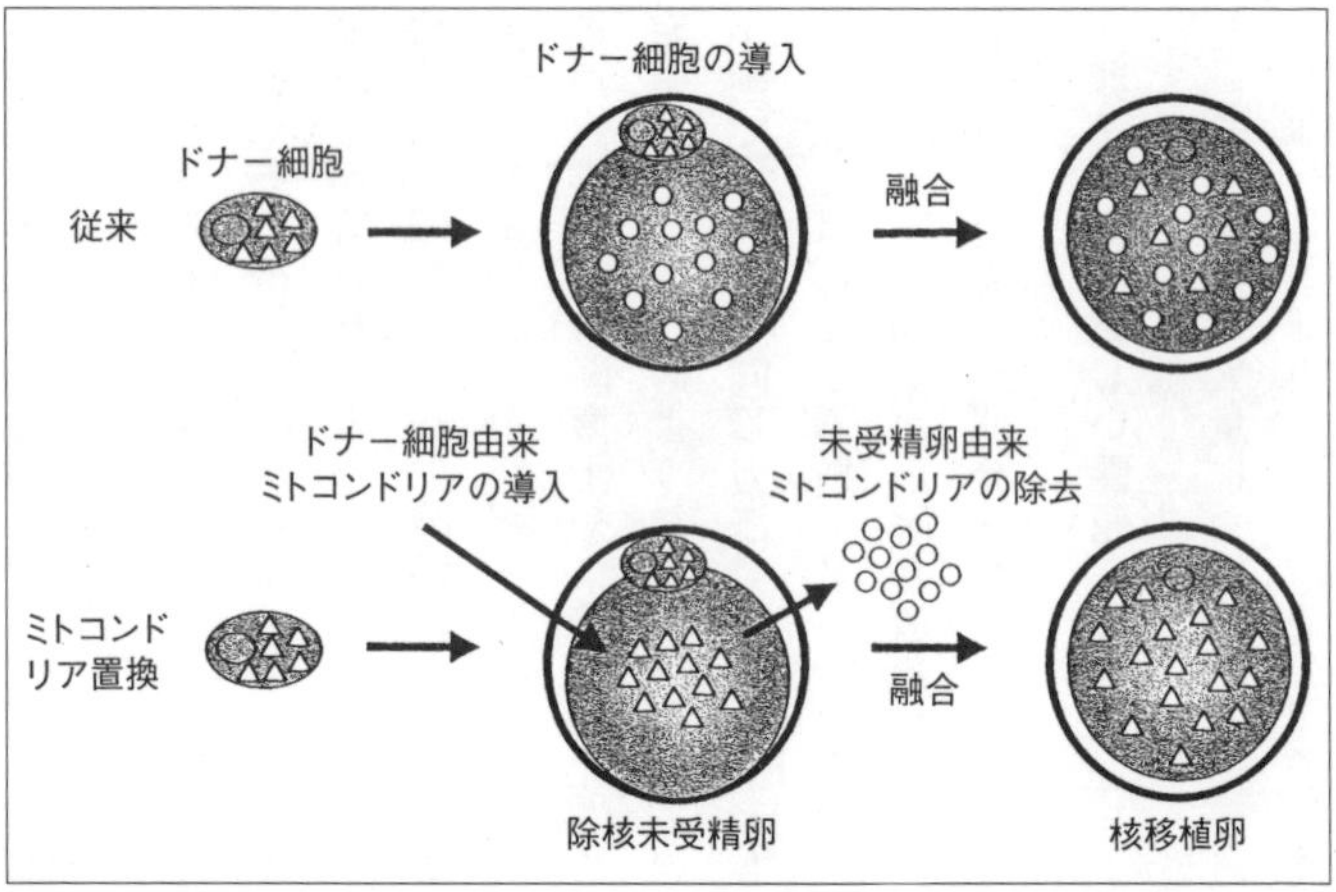

図 3. 10　レシピエント卵子のミトコンドリア置換の発想.

Aの置換である。

初期胚の凍結保存が可能になっているが、未受精卵の凍結保存は困難である。初期胚を凍結することには多くのメリットがあるが、ひとつのデメリットは得られる子どもの性や遺伝的形質がすでに決まっていることである。未受精卵、とくに未成熟卵の凍結保存が可能になれば、卵巣から分離した卵子を一度に大量に保存することができる。そうなれば必要に応じて解凍し、成熟させ、受精させることができる。このようにすると希望の遺伝的組み合わせの受精卵をつくることができる。液体窒素に保存すれば、精子と同じく、半永久的に保存が可能であり、家畜の遺伝的多様性の維持に力を発揮することになるだろう。東北大学の私のグループでは、松本浩道博士が中心となって、ナイロンメッシュを用いる未成熟卵子の凍結保存法の開発を行っている。凍結し、そして融解する過程は多くのステップからなっている。ステップごとにベストの条件を調べ、それを組み合わせても成功するとはかぎらない。ちょっとしたことが成績に大きく影響するので、試行錯誤のなかで、技術は開発されることを実感している。

さらにドナー細胞由来の正真正銘のクローン個体をつくるためには、レシピエント卵子のミトコンドリアを核移植に用いる細胞のミトコンドリアに置換することが必要である（図3・10）。そのために卵細胞質の置換や単離ミトコンドリアの導入法の開発が必要である。これが可能になれば、核移植によるクローン個体が人工生物といわれることもなくなるだろう。

5 遺伝子導入家畜と乳肉生産

一九八二年、異常に大きなマウスの写真が世界の新聞の一面を飾った。成長ホルモンが過剰に発現する遺伝子導入マウスである。成長ホルモンの作用によってマウスは大型化し、まるでラットのようにみえた。この報告が契機となって、家畜でも遺伝子導入に関する研究が活発となった。成長のよい家畜をつくることがアニマルテクノロジーの命題でもあり、このような命題にぴったりと合った研究であったからである。そして、一九八五年にはヒツジとブタで、一九八九年にはウシで、成長ホルモン遺伝子を導入した遺伝子導入個体が誕生した（表3・2）。

家畜が誕生して以降、営々と行われてきた家畜の改良は、よい形質をもつものを選抜し、そのよう

表 3.2 遺伝子導入動物の作出の歴史.

報告年	著者	動物名	内容
1980	Gordon	マウス	受精卵前核へのプラスミド DNA 顕微注入による遺伝子導入マウスの作出.
1981	Gordon & Ruddle	マウス	遺伝子導入マウスの導入遺伝子がメンデルの法則で次世代へと受け継がれることを発見.
1982	Palmiter ら	マウス	成長ホルモン遺伝子を導入したマウスが大型化することを発見.
1985	Brinster ら	マウス	遺伝子導入効率に関係する要因を解析.
1985	Hammer ら	ウサギ ヒツジ ブタ	中家畜ではじめて遺伝子導入に成功.
1989	Roschlau ら	ウシ	ウシではじめて遺伝子導入に成功.
1991	Krimpenfort ら	ウシ	体外受精技術を応用した遺伝子導入ウシの作出.
1999	Eyestone ら	ウシ	体外受精技術を利用した遺伝子導入ウシの商業的利用.

注：これらはすべて受精卵の前核に遺伝子を導入して作出したものである.

なよい形質をもつものどうしを交配させて、よい家畜をつくりだすという、家畜のもつ潜在的な遺伝的能力を掘り起こす努力によって行われてきた。しかし、遺伝子導入家畜の誕生は、このような伝統的な行為に大きな修正を迫るものであった。そして、大きな期待をもって遺伝子導入家畜の作製が行われた。成長期間を短縮する、体を大きくする、乳量を増やすなどが遺伝子導入によって達成できると考えたからである。ところが、後述するように、このような試みは技術的にもパブリック・アクセプタンス（社会的合意）の面からも失敗に終わっている。遺伝子導入家畜は、第4章で述べるように新たな目的を獲得し、有用生理活性物質（医薬品）の生産やヒトへ移植可能な臓器生産の分野で存在感を出すようになっている。

現時点において、家畜改良を目的とした家畜への遺伝子導入は失敗に終わったといわざるをえないが、将来、食用家畜生産において重要な位置を占める可能性がないとはいえない。失敗した例も含め、研究の流れを紹介しよう。

受精卵への遺伝子導入

遺伝子導入家畜は受精卵への遺伝子導入によってつくられる。すなわち、受精卵の前核に遺伝子（DNA）溶液を注射することによってつくられ、この方法は前核への遺伝子注入法とよばれる。受精直後、凝縮していた精子と卵子の染色体は膨化し、それぞれが休止核のようなかたちをとるようになり、これを前核とよぶ。前核が融合して受精卵の核になるが、この前核にDNAを注射する。ウシやブタの受精卵には脂質の顆粒が多く、細胞質全体が不透明であるので、前核を光学顕微鏡でみることはむずかしい。そこで、受精卵を高速の遠心機にかけ、脂質の顆粒を一方にかたよらせる。このようにしても受精卵は死ぬことはない。この受精卵をマイクロマニピュレーターにつけたホールディングピペットで保定し、先の細いインジェクションピペットを受精卵の前核に突き刺し、DNA溶液を注入する。直径が約一三〇ミクロンほどの受精卵をホールディングピペットで保定し、そのなかの直径三〇ミクロンほどの前核にインジェクションピペットを差し込み、DNA溶液を注入する。むずかしい技術のようにみえるが、若い研究者が練習を繰り返せば、二〜三カ月でじょうずになる。

前核への遺伝子注入法が開発された当初は、体内で受精した受精卵が用いられていた。しかし、体内では排卵時期や受精時期にばらつきが出ることから、操作にちょうどよい前核期の受精卵をそろえるのがややむずかしい。そこで体外受精での精子進入の同調化についての研究が進められ、遺伝子導入に使う前核期の受精卵の準備が容易になった。一九九一年には体外受精技術を応用した遺伝子導入ウシが誕生し、遺伝子導入家畜の作製はよりいっそう加速した。

しかし、体外受精卵を使っても、遺伝子導入家畜をつくるには膨大なコストがかかる。商業利用を目的として行われている遺伝子導入ウシの作製例について紹介しよう。膨大なコストの原因は遺伝子導入家畜の作製効率の低さにある。受精卵の前核への遺伝子注入は、導入遺伝子が偶然に受精卵のゲノムに取り込まれることを期待する方法である。そのため遺伝子導入個体の作製効率はきわめて低い。少し細かくなるが、あるベンチャー企業での成績の一例を数字で紹介しよう。体外受精で作製した七万七九九七個の受精卵の前核にDNAを顕微注入し、注入した胚を培養し、二二九三個の仮親へ移植可能な胚を作製した。これを一三二四頭の仮親に移植して、一八頭の遺伝子導入個体を得ている。このように、遺伝子導入ウシを作製するにはきわめて多くの頭数を必要とする。この飼育管理にかかる費用は莫大である。

体細胞クローン技術による遺伝子導入家畜

体細胞クローン技術は、遺伝子導入家畜の生産においても魅力的な方法である。あらかじめ外来遺

表 3. 3　遺伝子顕微注入法と体細胞クローン法による遺伝子導入ヒツジの作製効率の比較.

項目	顕微注入法	体細胞クローン法
用いた胚の数	982	68
分娩された産児のうちの遺伝子導入産児の割合（%）	4.35%	100%
1 頭の遺伝子導入動物作製に必要なヒツジの頭数	51.4	20.8

伝子を導入した培養細胞を除核未受精卵に導入して、体細胞クローン家畜をつくる方法である。このような方法によって子どもが誕生すれば、子どもはすべて遺伝子導入個体であると考えられる。シュニッケ（A. E. Schnieke）らは、一九七七年、世界初の体細胞クローン技術による遺伝子導入ヒツジを誕生させ、ポリーと名づけている。

また、体細胞クローンによる遺伝子導入個体の作製は、前核期の受精卵にDNAを顕微注入する方法よりも効率がよい。たとえばヒツジでの研究では、体細胞クローンによる方法は受精卵の前核への遺伝子顕微注入に比べ、圧倒的に少ない頭数で遺伝子導入ヒツジを作製できる（表3・3）。さらに、前もって細胞の性も知ることができるので、遺伝子導入家畜の性のコントロールも行える。今後、遺伝子導入家畜の作製において、体細胞クローン技術は、より存在感を増していくだろう。

反芻家畜と共生する微生物の遺伝子改変

家畜の体は、みずからの細胞のみで成り立っているのではない。よそ者である微生物の力も利用している。とくに、反芻をしながら飼料を消化する反芻家畜では、第一胃のなかに微生物を住まわせ、共生している。その共生が、ウシやヒツジなどの反芻家畜を特徴ある家畜にしている。反芻家畜は牧草を食べるが、牧草にはヒトの消化管で消化できないセルロースが多く含まれている。しかし、反芻家畜では、反芻胃のなかに微生物を住まわせ、その助けを借りて牧草を消化して栄養素としている。広々とした牧草地でウシが草を食む風景は、このような微生物の貢献によるものである。

このようなことから、ヒトと反芻家畜とは食糧が競合しない関係にあり、反芻家畜の特徴をさらに強めることによって、その意義を高めることができる。エネルギー浪費と批判される家畜生産であるが、ヒトと競合しない資源を食糧として利用できれば、そのような批判も少なくなるだろう。また、家畜は摂取した飼料を糞や尿として、その大部分を排出する。第5章で紹介するが、そのような糞尿のなかに含まれる窒素などによる環境汚染が深刻化している。このような窒素の利用効率を高め、糞や尿の量を減らすことも課題である。

反芻家畜が摂取した牧草のセルロースなどは、第一胃内の微生物群(細菌、糸状菌、原生動物)の作用により可溶化される。このような可溶化は、まず微生物がセルロースへ吸着し、酵素を分泌し、その酵素の力で分解することによってもたらされる。すなわち、セルロースへの吸着にかかわるタンパク質、セルラーゼやキシラーゼなどのセルロース分解酵素が重要な働きをしている。そこでセルロースへの吸着にかかわるタンパク質の遺伝子や酵素の遺伝子を第一胃の細菌に導入し、セルロース分解能を高め、牧草の消化をより効率的にし、牧草を十分に利用しようとする試みがなされるようになっている。

さらに、第一胃内細菌の遺伝子組換えによって、セルロース性物質の分解能力の改良を行うだけでなく、体にとって必須のアミノ酸の合成能力を強化することにより、窒素の利用効率を向上させることもできる。また、抗生物質を生産する細菌を作製し、第一胃内に定住させることも可能となるだろう。これらにより、環境にやさしい、そして病気にかかりにくい家畜を誕生させることも可能となるだろう。

遺伝子を導入した食用家畜の課題

遺伝子導入家畜の作製において、体細胞クローン技術など、優れた方法が開発されてきたが、食用とする家畜の生産に遺伝子導入の方法が取り入れられることは困難であろう。それは、家畜改良のための技術としてはあまり有効でないことと、遺伝子導入技術によって作製された家畜が生み出す畜産物が消費者に受け入れられないという、二つの背景があるからである。

マウスに成長ホルモン遺伝子を導入すると大型化するが、残念なことに、家畜では大型化することはない。ブタでは飼料効率が向上し、代謝が促進されるものの、逆に背側脂肪が薄くなったりする。また、胃潰瘍、関節炎、心臓肥大、皮膚炎、腎臓病などを誘発し、健康状態の悪いものが多い。さらに筋肉量の増大が期待できる c-ski とよばれる遺伝子を導入した遺伝子導入ウシでは、生後八〜一〇週齢に筋の肥大がみられたものの、一〇週齢以降、虚弱となり、起立不能に陥っている。また、ブタに c-ski 遺伝子を導入したケースでもウシと同じ結果であった。これらは苦痛を示しはしなかったが、筋変性がみられたので安楽死させている。

このような失敗は、技術の改良によって克服できるのかどうかをみきわめる必要がある。成長ホルモン遺伝子を導入された家畜では、遺伝子をメタロチオネイン遺伝子の制御領域に結合して導入している。重金属によって遺伝子発現が誘導されるようにするためである。ホルモンはレセプターに結合して機能を発揮する。また、作用する器官も限定される場合が多い。したがって、発現する組織、レセプターの発現量の調節など、技術面の再検討をすることにより、期待する結果が得られる可能性がある。私は成長ホルモン遺伝子を導入した遺伝子導入家畜について、よりくわしい解析が必要であると考えている。しかし、失敗は、より本質的なものに根ざしている可能性もある。筋肉や脂肪の発達にかかわる遺伝子は単一ではなく、多数の遺伝子が複雑にかかわっている。そのため単一の遺伝子のみを導入して、それらの形質を転換させることは困難である可能性がある。

一方、このような事実に加え、遺伝子改変家畜を食べることに対して消費者の強い反対がある。このようなことから、食糧生産を目的とした遺伝子導入家畜の研究は、新しいブレイクスルーがなければ社会に大きな影響を与えないで終止符を打つ可能性がある。

遺伝子ノックアウト家畜の行方

遺伝子導入技術に続いて登場したのが、特定の遺伝子を機能させなくする、いわゆる遺伝子ノックアウト技術である。特定の遺伝子を機能させなくすると、発生が停止したり、死滅したりするものもあるが、不思議なことに死なずに成長し、生き残るものも多い。多くの遺伝子がかかわり、ひとつの遺伝子が欠損しても、ほかの遺伝子がその欠損を補うシステムが機能する場合には、生き残ると考えられる。この遺伝子ノックアウトは家畜生産において大きな可能性を秘めている。

家畜はみずからの生存にプラスに働く遺伝子のみならず、マイナスに働く遺伝子ももっている。また、ウイルスなどの感染にかかわる遺伝子もある。家畜のもつマイナスの遺伝子を消去することにより、家畜をよりよいものに改良することができる。さらに第4章で紹介するように、遺伝子ノックアウトによりヒトへ移植可能な臓器を生産する家畜をつくることも可能である。このような家畜の遺伝子ノックアウトは、体細胞クローン技術が誕生して以降、現実的な動きとなっている。

染色体の特定の遺伝子のみを改変することを標的遺伝子改変という。あらかじめ希望するかたちに改変した遺伝子を作製し、これを染色体上の遺伝子と取り換える技術である。この手法により、特定の遺伝子を機能させなくすることができる。標的遺伝子改変の確率は低い（10^{-6}〜10^{-8}）ので、一度に多くの細胞を取り扱い、ふるい分けを行うことが必要である。そのため、残念ながら受精卵で標的改変を行うことはできない。また、細胞の標的遺伝子改変ができ、遺伝子がノックアウトできたとしても、遺伝子ノックアウト動物をつくるには大きな壁がある。

歴史的にみれば、ES細胞の力によって、この壁が最初に突破された。ES細胞は胚の内部細胞塊に由来し、体のすべての細胞に分化できる能力、すなわち分化の全能性をもっている。また、標的遺伝子改変が可能な数（10^6〜10^8個）の細胞を同時に操作することができるので、標的遺伝子改変が可能である。そして、遺伝子が改変された細胞を拾い上げ、増殖させ、胚盤胞へ注入し、キメラを作製する。そのなかにはES細胞が生殖細胞に分化するものもある。こうしてできたキメラマウスを交配すると、目的とする遺伝子の機能しない遺伝子ノックアウトマウスができる。

ES細胞はマウスで樹立されているだけで、家畜では、いまだその樹立に成功したグループはない。また、ES細胞を樹立できたとしても、マウスの方法を家畜に応用するには難題が多い。この方法を応用して遺伝子ノックアウト家畜をつくるには、数年という長い年月がかかる。できるかできないかわからない研究に、膨大な予算を使い、数年もかかわり続ける研究者はまずいないだろう。

しかし、体細胞クローン個体が誕生して以降、遺伝子ノックアウト家畜の作製は現実味を帯び、研究者をひきつけるテーマとなっている。体細胞クローンでは、ES細胞がなくても遺伝子ノックアウトが可能である。ヒツジでは線維芽細胞を用いることにより、特定の遺伝子を欠失した個体が誕生している。すなわち、標的遺伝子改変により、特定の遺伝子を機能させなくした線維芽細胞を、除核した未受精卵に移植して子どもを産ませたのである。ES細胞を用いてつくったマウスのように、誕生した個体を交配させて、遺伝子ノックアウト個体をつくる必要はない。誕生すればすべてが遺伝子ノックアウト個体である。このような遺伝子ノックアウト技術が家畜に普及するようになれば、家畜の新しい可能性を引き出す研究が活発になるだろう。そして、家畜はさらに新しい価値をもつようになるだろう。

第4章

応用技術を展開する——アニマルテクノロジーの広がり

家畜は乳や肉などの食糧を生み出す。しかし、それだけではない。食糧のみならず毛皮や化粧品の素材としても使われる。さらに屠場で集められた家畜の臓器からは医薬品などが抽出、精製されているし、ブタの肝臓や脳の細胞などはヒトに移植され、治療に使われている。このように家畜は食糧としてのみならず、ヒトの生活に欠かすことのできない素材を提供する資源として活用されている。BSE（牛海綿状脳症）が発症して以降、化粧品産業や医薬品産業がダメージを受けているが、そのこと自体、家畜のもつ多様な役割を示すものである。このような家畜のもつ可能性は、アニマルテクノロジーによってさらに大きなものになろうとしている。

一方、多様な動物種からなる動物界のなかでは、ヒトと家畜の遺伝的距離は近い。このようなことから、家畜で開発された技術は、ただちにヒトへ応用できる。とくに、家畜の増殖にかかわる技術は、ヒトの不妊治療と結びつき社会に大きな影響を与えるようになっている。さらに、自然のなかに生息する野生動物の多くも家畜と近縁なものが多い。このような野生動物のなかには、ヒトの援助が必要となっているものも多くなっている。野生動物の保護・増殖に家畜で開発された技術が影響を与えている。第3章で述べた体細胞クローンのように、生物学の基本をゆるがす現象も明らかにされている。このような医療、野生動物あるいは生物学に影響を与えるアニマルテクノロジーについて紹介しよう。

1 「バイオリアクター」としての家畜

家畜の臓器は医薬品となる生理活性物質の宝庫である。多くの生理活性物質が家畜の臓器から分離されている。さらに、生理活性物質を家畜に大量に生産させる技術が開発されてきている。第3章で紹介したように、家畜に成長ホルモン遺伝子などを導入し、効率的に成長する家畜をつくろうとしたが、期待どおりの成果を得ることはできなかった。しかし、その技術は成長し続け、家畜をタンパク質生産工場、いわゆる「バイオリアクター」として利用する技術として使われ、成功している。とくに医薬品となる生理活性物質は、タンパク質が糖と結合したり、独特の高次構造をとるため、微生物や植物では生産できない場合が多いが、家畜では可能である。そのようなことから遺伝子導入家畜を作製することで、大量、かつ安価にヒトに適した医薬品となる生理活性物質が生産できるようになった。

生理活性物質の乳汁中への分泌

医薬品は期待どおりの生理作用をもつことが重要で、家畜に医薬品をつくらせる場合、そのような期待どおりの生理活性物質をつくることが第一の課題である。しかし、製造し続けるには製造コストの問題についても考えなければならない。つくられた生理活性物質が細胞のなかにとどまるならば、家畜を殺し、臓器を取り出し、細胞を破壊しなければならない。血液中に分泌するものであれば、血液を採取しなければならない。そのためには特殊な器具が必要であり、また、継続して採取するには難題が多い。しかし、家畜、とくにウシやヤギは巨大な乳房をもち、乳汁を分泌する。乳汁のなかに生理活性物質が分泌されるようにすれば、家畜を殺すことなく、特殊な器具も必要とせず、乳汁をしぼることで生理活性物質を得ることができる。

そして、その技術が完成している。乳腺でつくられ、乳汁中に分泌させるためには、まず乳腺で特異的に遺伝子が発現するようにしなければならない。そのため乳腺の上皮細胞でつくられるタンパク質の発現を調節する遺伝子を、目的とする生理活性物質の遺伝子につなげる。また、細胞外へ乳汁として分泌することにかかわる遺伝子も融合させる。このような遺伝子を受精卵に導入し、目的どおりに遺伝子が機能する家畜を探すのである。

表 4.1 全世界における医薬品の年間必要量とその量を生産するために必要な遺伝子導入家畜の頭数.

タンパク質	年間必要量 (kg)	遺伝子導入家畜	
		動物種	頭数
ヒト血清アルブミン	100000	ウシ	3400
α_1 プロテアーゼインヒビター	100000	ヤギ	1800
モノクロナール抗体	100	ヤギ	36
アンチトロンビン III	75	ヤギ	27
組織プラスミノーゲンアクチベータ	75	ヤギ	27
第 IX 因子	2	ヤギ	1

遺伝子導入家畜によってなにをつくるか

医薬品は、研究開発、臨床試験の段階を経て販売がなされ、治療に使われるようになる。遺伝子導入家畜による医薬品には、α_1アンチトリプシンのように臨床試験を終え、商業販売を目指す段階に達したものもある。これに続いて、つぎつぎと遺伝子導入家畜由来の医薬品が登場することになるだろう。

いま、遺伝子導入ウシでつくりつつあるもので需要量の大きいものに、ヒト血清アルブミンがある。ある試算によれば、ヒト血清アルブミンは年間に世界で一〇〇トン必要である（表4・1）。これを遺伝子導入ウシで生産すると、約三四〇〇頭という多くのウシが必要になる。しかしながら、たとえば第IX因子のように年間の必要量が二キログラムの場合、遺伝子導入ヤギ一頭で生産できる。組織プラスミノーゲンアクチベータでは年間七五キログラムが必要で、遺伝子導入ヤギ二七頭で生産できる。このようなものは、わが国でみられる規模の牧場で十分対応できる。また、いったん開発されれば、低コストでの医薬品生産が期待される。どのような医薬品を開発するか、先見性のある判断ができれば、国際的な競争に十分、勝利しうる。

このような遺伝子導入家畜の開発は、投資家からの資金で設立された、いわゆるベンチャー企業が行っている。とくに米国では、ベンチャー企業を中心に活発な活動が展開されている。このようなベンチャー企業では、前述したヒト血清アルブミンをはじめ、糖尿病、血友病、がん、エイズなどの疾患治療薬がその開発のターゲットとなっている。また、BSEの原因因子である異常プリオンをもたないウシやヒツジを用いて医薬品をつくることにも十分に配慮がなされている。

遺伝子導入家畜による医薬品生産の実際と課題

では、実際にどのようにして医薬品を生産する家畜が誕生するのかみてみよう。まず、医薬品の候補となる生理活性物質とそれをつくる遺伝子を選定する。この段階での検討がきわめて重要である。選定にあたっては、まず、生産に至るまでの時間、遺伝子導入家畜の作製コスト、維持費、タンパク質精製コストなどを調べる。これらのコストの合計よりも、必要量によって試算した販売金額が上回ることが、遺伝子導入家畜作製の前提条件となる。すなわち、経済的に成り立つことが選択の第一条件となる。つぎに、マウスを用いて技術的な検討を行う。選定された遺伝子をマウスに導入し、それが乳腺で期待どおりに発現し、しかも、その発現量が十分であるかなどの検定を行う。マウスでの結果が良好であれば、そのつぎにヒツジ、ヤギ、ウシなどの家畜に遺伝子を導入する。このようにして作製した遺伝子導入家畜について、導入遺伝子の子孫への伝達や発現量を調べ、期待どおりのものを選抜し、生産する。そして、性成熟するまで待つ。当然ではあるが、性成熟、交配、分娩を経て搾乳が開始され、生理活性物質が生産されるようになる。ウシを用いた場合、この過程に約四年が必要である。採取した乳汁からタンパク質を精製し、医薬品として利用可能かどうかを調べ、さらに動物試験や臨床試験により安全性を確認し、製品化される。期待どおりの遺伝子導入家畜が誕生してから実際に医薬品が製品化されるまでには、数年から十数年という長い年月が必要である。遺伝子の選定における先見性がものをいう所以である。

ヤギやウシに期待どおりの医薬品を生産させることができれば、泌乳量も多いので、一頭の生産性は高い。しかし、難点がある。前述したように、遺伝子導入家畜が、実際に医薬品を生産するようになるまでに要する期間が長いことである。また、ヤギやウシは単胎動物であり、一回の妊娠で一頭の子どもをつくるだけである。ヒト血清アルブミンなどのように、必要量の生産に多くの頭数の遺伝子導入家畜が必要な場合、遺伝子導入個体の増殖にさらに時間がかかる。このような難点の解決が求められている。体細胞クローン技術の応用により、やや改善が期待できるが、アニマルテクノロジーの研究者がどのような抜本的解決策を考え出すか、その力量が問われている。

2　ヒトに移植可能な臓器生産ブタ

家畜、とくにブタはいま、臓器移植の分野から熱い視線を浴びている。臓器移植は、臓器が機能せず、死に直面し、心身とも苦しみのなかにいる患者に対する治療法として受け入れられてきている。このような臓器移植には、健康なヒトの臓器の一部を切除して患者に移植する例もある。しかし、多くの場合、ヒトの死を待って行われる治療である。死後できるだけ早く臓器を取り出し移植することにより、よりよい成績が得られることから、まだ心臓が動いていても脳死と判定し、臓器を摘出するようになっている。移植医療が、ヒトの死の条件を決めるまでになっている。このような状況にもかかわらず、臓器提供数の伸び悩みにより、ヒトからヒトへの臓器移植の実施症例数は頭打ちとなっている。このようなことを背景として異種臓器移植が構想され、ブタにヒトへ移植可能な臓器を生産させようとする研究が進んでいる。

私は東京大学医科学研究所（医科研）で研究生活を送ったことがあるが、当時、そこでは移植医療がひとつのプロジェクトとして動いていた。親しくしていただいた山内一也先生（東京大学名誉教授）の著作などから移植医療の現実や異種移植の動向を知り、この分野こそアニマルテクノロジーにかかわる研究者が担うべき領域ではないかと考えるようになった。幸い、岡山大学で博士号を得た三好和睦君にグループに加わってもらうことができ、基本的な戦略をたて実験を進めた。途中で私が東北大学に異動したり、三好君がアメリカのグループに異動したりして、紆余曲折はあったが、三好君に鍛えられた東北大学の博士研究員や大学院の学生が引き続き努力している。順調に進むと思われたにもかかわらず、ヒトへ移植可能な臓器を生産するブタの作出には成功していない。しかし、なんと

表 4.2　家畜やサルの臓器のヒトへの移植例．

発表年	ドナー	移植臓器	移植結果
1906	ヤギ，ブタ	腎臓	壊死したため 3 日後に取り出す
1963	チンパンジー	腎臓	短期的な生着
1964	チンパンジー	心臓	4 時間機能
1984	ヒヒ	心臓	20 日間生存
1992	ヒヒ	肝臓	70 日間生存
1992	ブタ	肝臓	34 時間生存
1993	ヒヒ	肝臓	26 日間生存

しても努力を継続し、所期の目的を達成したいと思っている。この間の経験もふまえ、研究の流れを紹介しよう。

異種移植と家畜

種を越えて臓器を移植することを異種移植とよぶが、無謀ともいえる異種移植が過去には行われている。一九六〇年代にチンパンジーやヒヒの腎臓、心臓、肝臓をヒトへ移植した例がある（表4・2）。その例では、臓器を受け入れた患者はきわめて短期間、生存延長が認められたにすぎなかった。しかし、そのような結果をふまえ、技術は改良され、一九九二年に行われたヒヒの肝臓をヒトへ移植した例では、移植後七〇日間の生存を記録している。家畜の臓器をヒトに移植した例も知られている。ヤギやブタの腎臓、肝臓を移植した例であるが、いずれも短時間ながら生存延長が認められている。

このように動物の臓器を移植しても、移植された臓器はヒトの体内で機能し、受け入れた患者は延命する。このような事実は驚きでもあるが、これは優れた免疫抑制剤の開発に支えられているといえる。6－メルカプトプリン、アザチオプリン、シクロスポリン、FK506

などの免疫抑制剤が大きく貢献している。これらの免疫抑制剤の臨床応用が、ヒトからヒトへの臓器移植を一般的な治療法に押し上げたともいえるし、異種移植が構想されるようになった基盤でもある。しかし、残念なことに移植を受けると一生、免疫抑制剤を投与し続けなければならない。このため副作用などの問題が生じてきている。これに対応するものとして免疫寛容の誘起や免疫反応を低下させる技術の開発が構想され、そのひとつとして、遺伝子改変によりヒトに拒絶されない家畜臓器をつくろうとする計画が登場してきたのである。

なぜブタか

普通に考えれば、臓器を提供する動物としては、できるだけ近縁な動物、すなわちサルが推奨されることは間違いない。しかし、現実的にはサルを用いることはきわめて困難である。まず、その繁殖はたいへんむずかしい。いかにサルの繁殖技術が発達したとしても、繁殖して需要をまかなうだけの数を用意することは不可能に近い。また、サルは今後、希少動物として保護される存在になっていくと予想されるし、サルに対する人類の感情からして、限定された医療にしか使用できなくなるだろう。また、野生の動物は、サルにかぎらず捕獲しても病気のコントロールがむずかしい。このようなことから、臓器を提供する動物はヒトによって飼育管理されている動物、すなわち家畜が対象となる。

一方、異種臓器移植を進める場合、倫理的な規制をふまえることが重要であるが、国際移植学会のひとつの委員会である倫理委員会の見解はつぎのとおりである。（1）臨床応用の前に十分な動物実

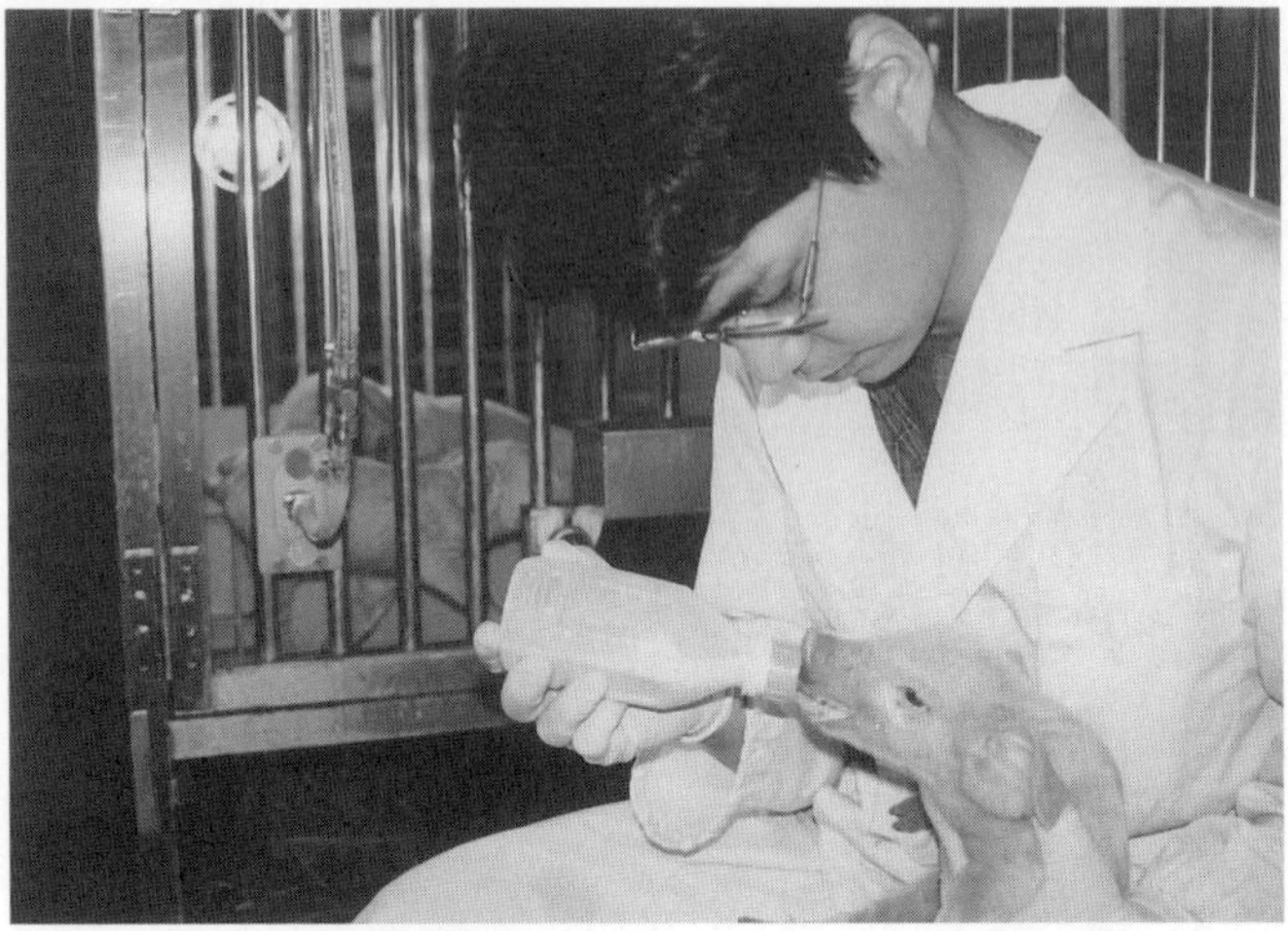

図 4.1　ブタの新生児の人工哺育と飼育ケージ．ブタは，本来は清潔である．

験を行い、成功の可能性が示されていること、（2）準備の十分整っているグループによって行われること、（3）国、地域、施設などの倫理委員会で承認が得られていること、（4）レシピエント（臓器を受け入れる患者）のインフォームドコンセントが得られていること、（5）動物愛護の精神に留意すること、である。

（1）～（4）については、研究者サイドの努力や臓器を受け入れる患者の協力によって解決されるが、（5）はレシピエントや市民の感情を対象とし、宗教や文化に影響され、論理的には解決できない。西欧的な動物愛護の精神に照らすと、イヌなどの愛玩動物は除外され、食用家畜が対象となる。食用家畜のなかから選抜する場合、体の大きさからしてブタ、ウシ、ヒツジ、ヤギなどが候補となるが、こうしたなかで、ブタがもっとも有力な候補となっている（図4・1）。すなわち、ブタは愛玩動物として飼われることは例外的で、市民の心理的抵抗も少ないと予想される。そして、つぎのような特徴をもつ。(1)ヒトに適した大きさの臓器が得やすい、(2)家畜や実験動物としての歴史が長い、(3)疾患についての解明が進んでいる、(4)飼育に必要なスペースが比較的小さくてよい、(5)一年中繁殖が可能で多産である、(6)ブタ飼育が産業となっている、(7)心臓・血管系においては、解剖学的にも、生理学的にもヒトと類似点が多い、(8)悪性腫瘍の発生率が低い、(9)末梢血球数やその大きさがヒトに近く、またヒトと同じく雑食性で血液生化学値や電解質の平均値がヒト正常値に近い、(10)ヒトの肝不全の治療にすでにブタの肝細胞を用いた実績がある。また、最近ではブタ肝細胞をセットした人工肝臓が作製されている。

異種移植により引き起こされる拒絶反応

ブタ臓器のサルへの移植、これはブタからヒトへの移植を考えるうえでひとつのモデルになるものであるが、このような臓器移植においては、移植された臓器に対して臓器を受け入れた個体が拒絶反応を示す。移植後、すぐに現れる反応を「超急性拒絶反応」とよぶ。たとえば、ブタの腎臓をサルに移植し、それぞれの血管を結ぶと血液の流れが再開するので、移植された腎臓には「血の気」が戻り、同時に尿も排出し始める。しかし、数分もすると、腎臓表面には黒い斑点が現れ、しだいに尿の出も悪くなり、やがて停止する。この反応は臓器が移植された後、数分から数十分で起こる。

このような超急性拒絶反応のメカニズムはつぎのように考えられている。ブタに対して生まれなが

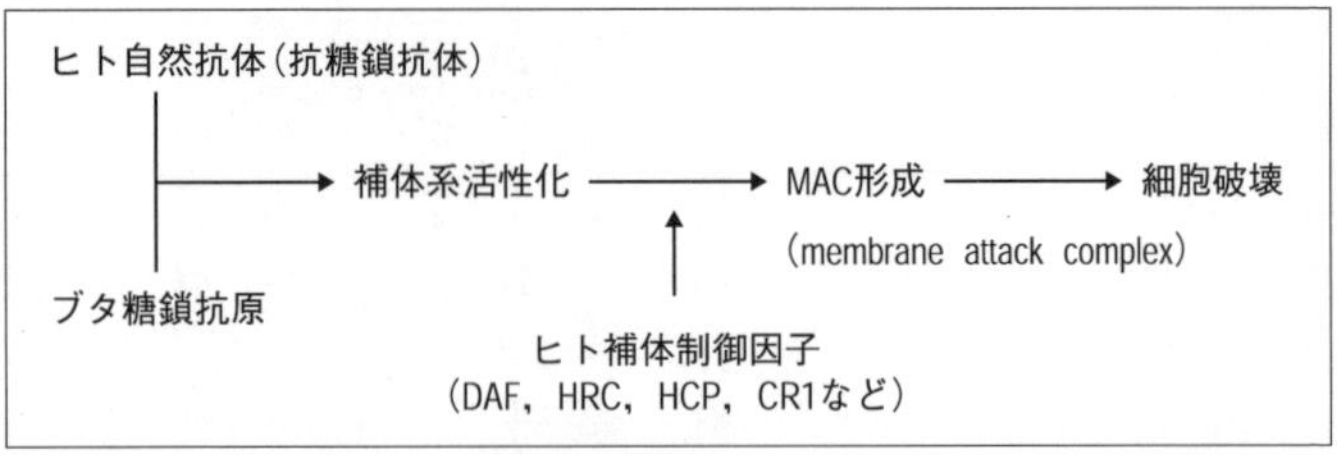

図 4. 2　超急性拒絶反応による細胞破壊にかかわる補体系とヒト補体制御因子.

らにもっているサルの自然抗体と移植された臓器のもつ抗原とが反応して抗原抗体反応が起こり、サルの補体系が活性化する。その結果、ブタの腎臓の血管内皮細胞膜にＭＡＣ（membrane attack complex）という穴ができて、血管内皮細胞が傷害を受ける（図４・２）。そして、傷害を受けた場所で血液が凝固し、血液の流れをさえぎる。それが原因で、移植された臓器は死んでしまう。

超急性拒絶反応の抑制法

ブタ臓器をヒトへ移植し機能させるには、まず超急性拒絶反応を抑えることが必要である。そのために、（1）異種抗原と反応する抗体の除去、（2）補体系の活性化の抑制、（3）移植臓器の抗原性の低下、などを行うことが必要である。

少し細かくなるが、研究の実際を紹介しよう。（1）で問題となる抗体の除去については、抗体の含まれる血漿を交換したり、ブタ臓器のなかに臓器を受け入れた個体の血液を流して、抗体を臓器に吸着させる試みなどがある。しかし、このような方法では、移植した臓器をレシピエントの体のなかで長く機能させることはできない。一方、抗体と結合するブタ内皮細胞上の抗原が同定されているので、この抗原を入れたプラスチックの管のなかに血液を流すことにより、抗ブタ抗体が除去されると期待される。しかし、実際にはうまくいかない。さらに異種抗原の抗原として機能する部分を合成し、ヒトに注射すれば、これはヒトの抗体と反応するので、抗体の機能が中和され、ブタの異種抗原と反応する抗体の数が減少するのではないかと考えられる。実際、合成した抗原を大量に注射すると、移植した臓器が拒絶されるまでの期間を長くすることができるが、その量は一時間あたり数十グラムも必要なため、臓器を受け入れたレシピエントの肺や腎臓は障害を受ける。

（2）については、補体系の活性化を抑制すると免疫反応が抑制されると期待される。そこで、活性化を抑制するタンパク質の遺伝子を導入した遺伝子導入ブタをつくり、その心臓をカニクイザルに移植した例がある。ブタの心臓は平均五日で拒絶される。遺伝子導入ブタの心臓を用いた場合、拒絶されるまでの期間が延長するが、やがて拒絶される。このことは、補体抑制タンパク質を発現させることにより、ある程度、超急性拒絶反応が抑制されるが、移植に使えるほど十分に免疫反応を抑えるものではないことを示している。

そのようなことから（3）がもっとも有力な方法と考えられている。異種抗原が生成するメカニズムが明らかにされているが（図4・3）、異種抗原をつくる酵素の遺伝子を破壊し、ブタ臓器の抗原性を低下させる方法である。いわゆる遺伝子ノックアウトの方法である。このような方法はマウスにおける研究からも妥当性のあるものとして支持されている。すなわち、異種抗原をつくる酵素の遺伝

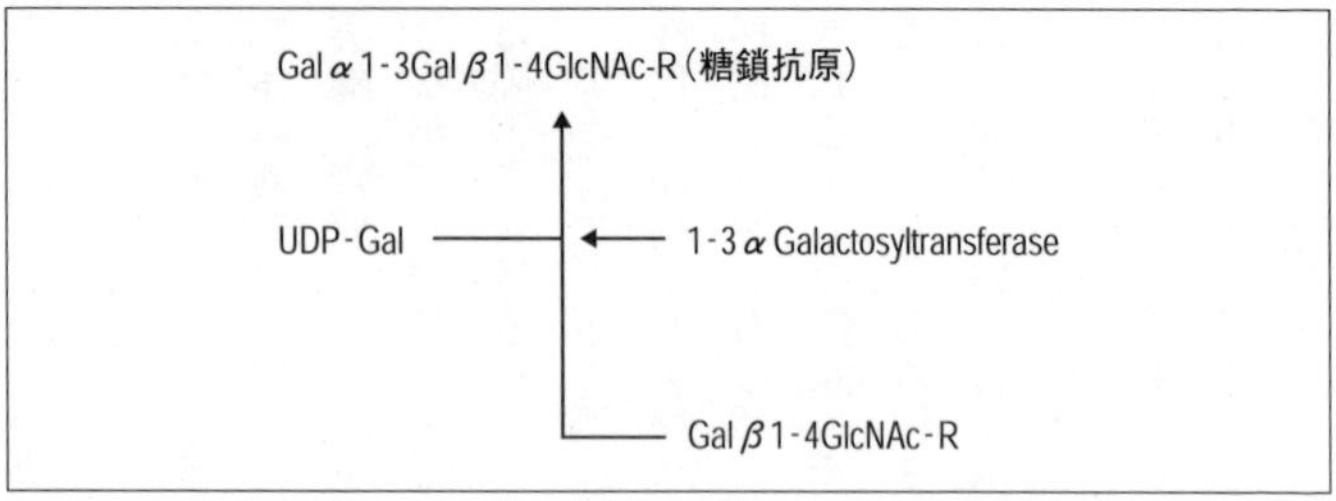

図 4.3　ブタ臓器糖鎖抗原の生成.

子を破壊したマウスがつくられている。このマウスは生後四〜六週間で白内障を誘発するものの、正常な臓器を生産する。また、発育も順調である。マウスにおける研究から考えると、異種抗原をもたないブタの作出は可能であると予想される。

体細胞クローンによる遺伝子ノックアウトブタ

体細胞クローンが登場して以来、異種抗原をもたないブタの開発が現実味をおびている。マウスでは、すでに異種抗原をもたない遺伝子ノックアウトマウスが誕生しているが、マウスで成功した方法をブタに応用した場合、開発に多くの時間と労力と費用がかかる。ブタは、マウスに比べて世代間隔が長いからである。しかし、体細胞クローンは、このような弱点を克服する。

超急性拒絶反応を誘起しない臓器は同種間移植、すなわちヒトからヒトへの臓器移植と同等に扱えると予想されている。このようなことから、異種抗原をもたないブタが誕生すれば、異種移植は実現に向けて大きく前進する。私たちのグループも、このような遺伝子ノックアウトブタ作出技術の開発に力を注いできた。どのように遺伝子ノックアウトブタを

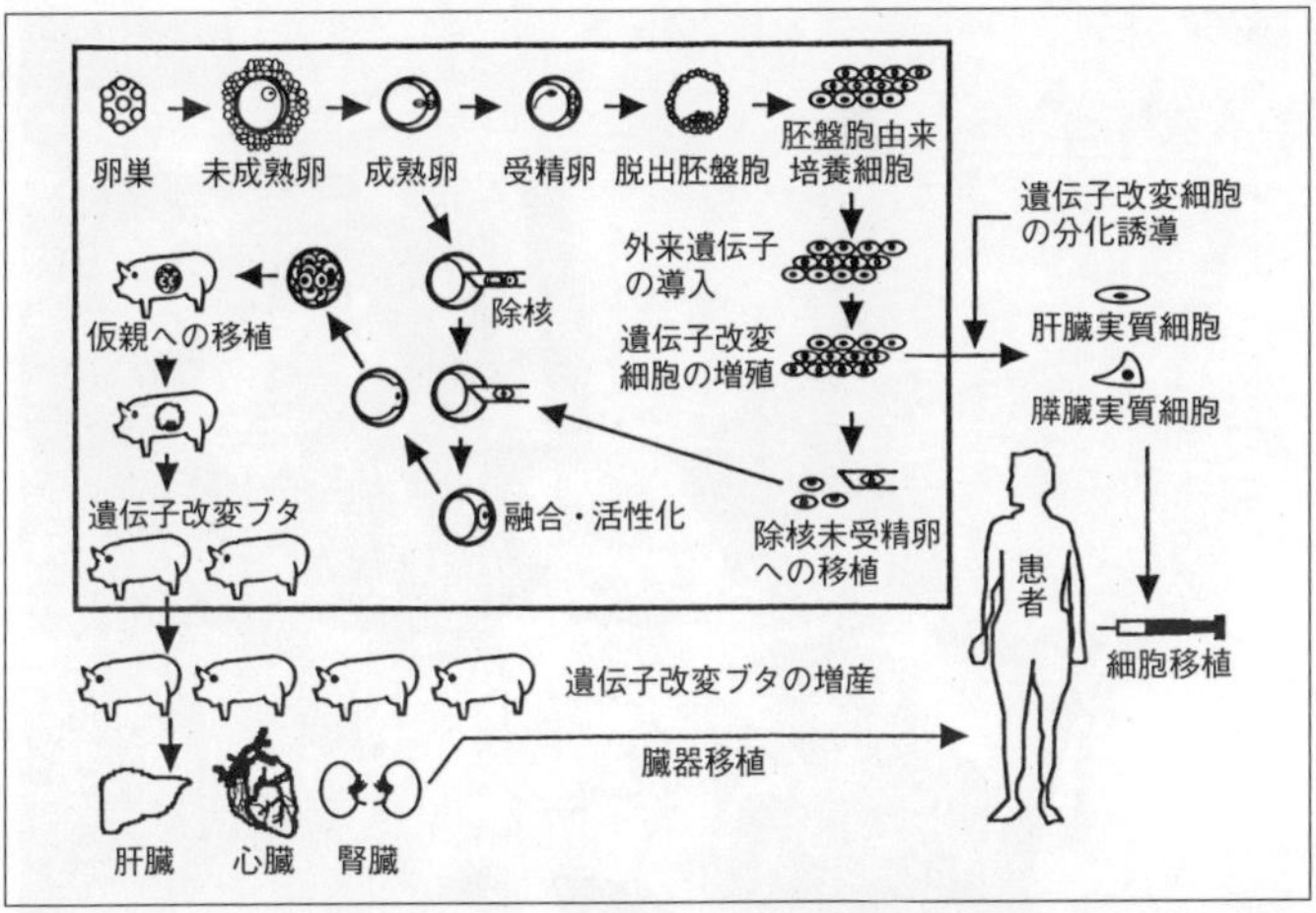

図 4.4　核移植法によるヒトへ移植可能な細胞・臓器生産ブタ作出の戦略.

つくるかについて、図4・4に示す戦略をたて、実験を行ってきた。卵巣から取り出した卵子を体外で成熟させ、成熟した卵子の核を除く。また、成熟した卵子を体外で受精、発生させ、胚盤胞期の胚をつくり、そのような胚から胚由来細胞を樹立する。この細胞を操作して異種抗原をつくる酵素の遺伝子を破壊する。これを核を除いた卵子に注入し、活性化させ、仮親の子宮に移植する。多くの研究者の協力を得て、実験を行ってきた。胚由来細胞を樹立し、細胞の遺伝子改変、マイクロマニピュレーターを用いる遺伝子改変細胞の除核未受精卵への移植(図4・5)、卵子の活性化などの方法を明らかにしてきたが、まだ、道なかばである。成功する日がくるのを夢見つつ努力している。

異種抗原をもたない遺伝子ノックアウトブタの誕生

二〇〇一年三月一三日付の新聞各紙は、英国のベン

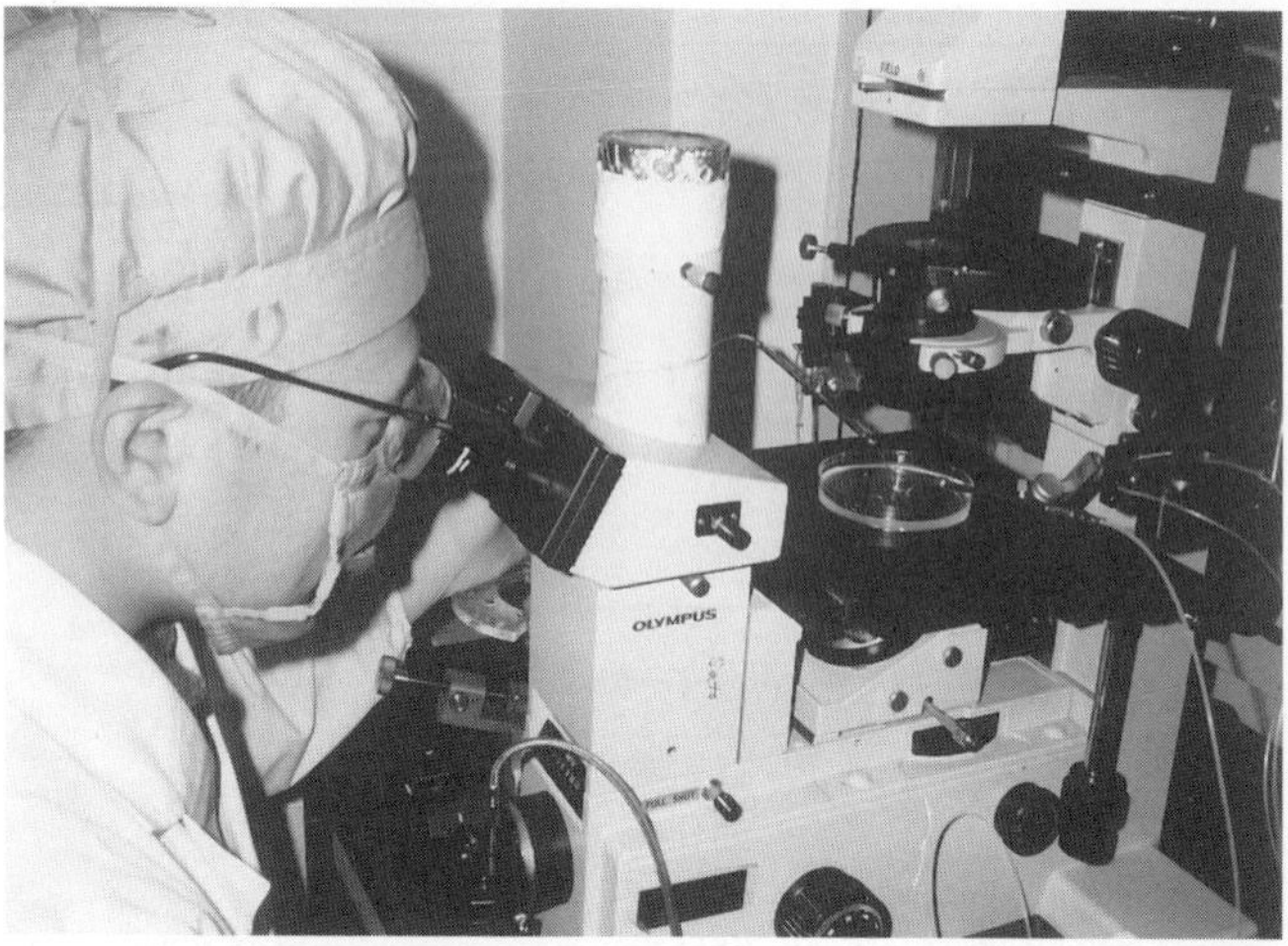

図 4.5　細胞を除核未受精卵へ導入するために用いる顕微操作装置（マイクロマニピュレーター）.

チャー企業が体細胞クローンブタを誕生させたことを紹介しているが、その後、二〇〇二年一月三日付の新聞では、異種抗原をつくる酵素をコードする遺伝子を破壊したブタの誕生が報道されている。まだ異種抗原をすべて欠失したブタにはなっていないようであるが、大きな成功である。新聞各紙は「ヒトに移植できる臓器生産ブタの作出を可能とする成功」とコメントしている。ヒトへ移植可能な臓器を生産するブタが開発されれば、臓器販売だけで年間一兆円の市場になると予想されている。このような成功は新しい産業を興すことになるだろう。今後は、実用化へ向けた研究が加速するだろう。つぎには、それぞれのレシピエント（患者）の細かな生理的、解剖学的条件に合った臓器生産が課題となるだろう。このようなことをふまえ、いま、世界の多くの国で、体細胞クローンブタの作出

図 4.6　体細胞クローン技術によって誕生した 5 匹のクローンブタ．（韓国，慶尚大学農学部 Jin-Hoi Kim 博士提供）

技術の開発が進められている（図4・6）。

さらに、研究の延長線上には、ブタの体のなかに一〇〇％ヒトの細胞からなる臓器をつくる研究も構想されている。最近、イスラエルの研究グループが、マウスの体のなかで、一〇〇％ヒトの細胞からなる臓器をつくることに成功したとのニュースが流れたが、これをブタを使って行い、ヒトのサイズに合う臓器をつくろうというものである。また、ヒトの細胞を除核したブタの未受精卵に導入し、ES細胞をつくり、それぞれのヒトに適したオーダーメイドの細胞や臓器をつくる動きもある（図4・7）。このようなことは、ブタにおいて遺伝子操作技術が進展すれば、現実のものとなるだろう。

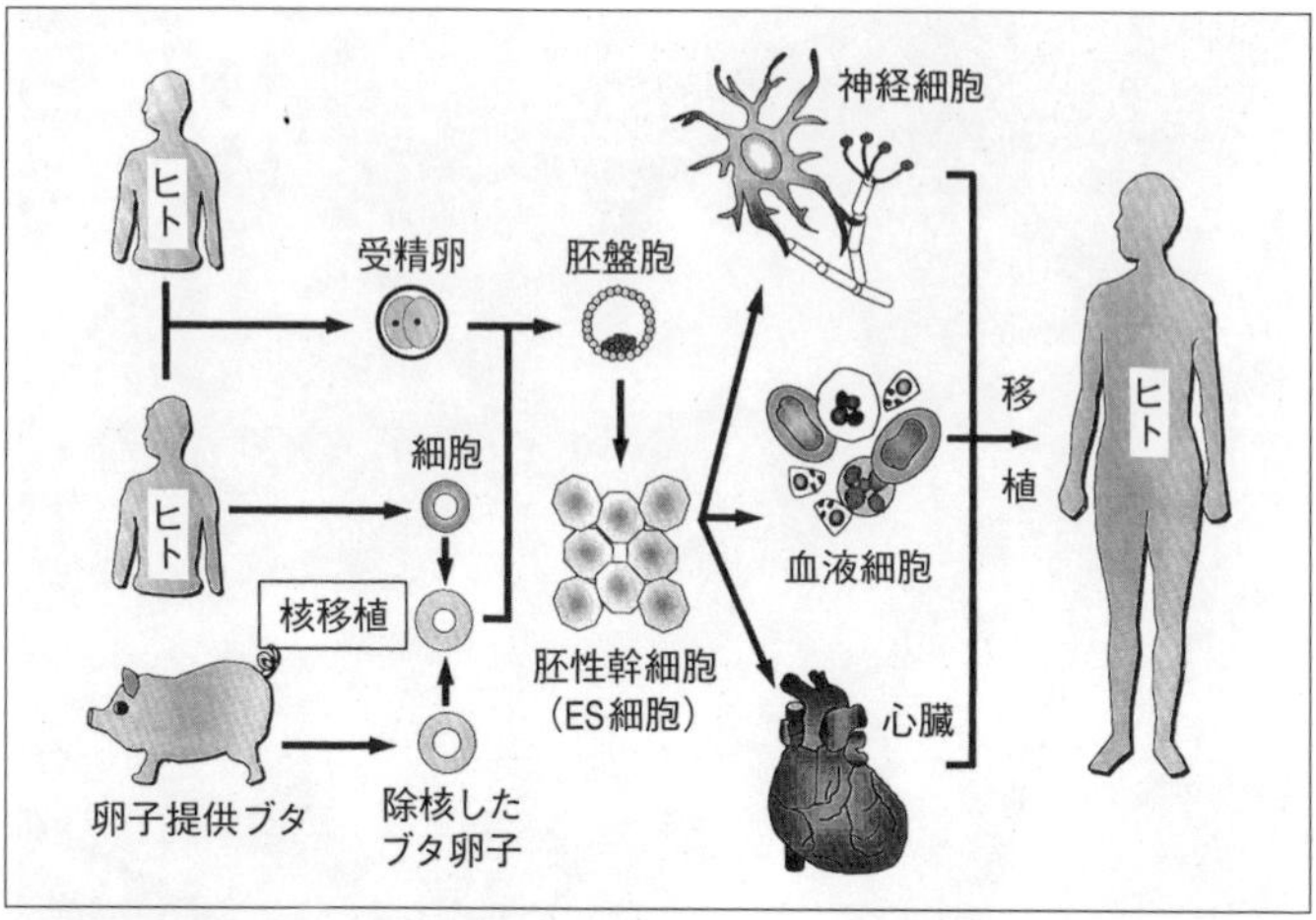

図 4.7　ヒトの細胞と家畜の卵子を融合してつくるオーダーメイドのヒト型 ES 細胞と臓器.

3　家畜を増殖する技術とヒトの不妊治療

世界の人口は急激に増加している。二〇五〇年には一〇〇億に達すると予測されている。しかしながら、皮肉なことに先進国の人口は減少している。わが国の人口も、今後急激に減少すると予想されている。一組のカップルが何人子どもをつくるかに関する統計が毎年発表されているが、わが国では年々減少し、最近では一・四人を下回っている。人口を安定して維持するためにはカップルあたり二・一人の子どもをもつことが必要といわれているので、人口減少が深刻な話題になるのも当然である。子どもをつくらない、あるいは一人の子どもしかつくらないカップルが増えているのが原因である。

このようななかで、子どもをもちたくてももてない不妊のカップルがいる。わが国でもカップルのどちらかに原因があって不妊に悩む女性は、一四〇万人ほどもいると推定されている。不妊女性の悩みを解決すると、人口減少の速度も緩和されるのではと思われるほどである。いずれにせよ、不妊治療の技術に熱い視線が集まるとともに、不妊治療にかかわる医師や技術者は、家畜の増殖にかかわる技術の動向を注目している。

ヒトを家畜と同列にして論じることに対して違和感はあるかもしれないが、ヒトの不妊治療にかかわる技術と家畜を増殖する技術には、共通なものが多い。また、不妊治療にかかわる産婦人科医や泌尿器科医と、家畜の増殖にかかわる技術者、研究者との交流は活発である。私の研究室のセミナーには、不妊クリニックの医師や後述するエンブリオロジストも出席している。このような私の研究室の状況は、全国の多くの例のひとつである。

ヒトの人工授精、体外受精、顕微授精

二〇世紀後半は人工授精、体外受精、顕微授精という不妊治療がつぎつぎと開発され、応用された時代であった。私が大学院の学生であった一九七〇年代には、すでに人工授精による不妊治療が行われていたが、一九七八年、世界ではじめて体外受精児がイギリスで誕生した。それ以降、体外受精が不妊治療において大きな位置を占めてきた。体外受精児の誕生は、当時、「試験官べビー」とよばれ、トップニュースとして世界を駆け巡った。私にとっても印象深い出来事であった。その十数年後の一九八九年、オランダで開催された第一一回国際発生生物学会議で、私は世界初の体外受精児を誕生さ

せたエドワード（R. G. Edwards）博士に会う機会があった。「体外受精と胚移植」というシンポジウムで私の発表の座長をしていただいたからである。そのなかでエドワード博士が最新の情報に精通し、引き続き研究者として第一線で活躍していることを実感した。エドワード博士にリードされた体外受精の研究は、その後、花開き、二〇世紀中に世界で約五〇万人、日本でも約八万人の体外受精児が誕生している。

体外受精が日常的な不妊治療となるなかで、顕微授精技術が登場し、大きな存在となっている。ウシでは死滅した精子の顕微授精により子どもが誕生しているが、顕微授精は、家畜の分野よりもヒトの不妊治療でより発展しており、家畜よりもヒトに適した技術のようである。顕微鏡下でマイクロマニピュレーターを使って卵子と精子を操作し、人為的に受精しやすい環境をつくったり、強制的に受精を始めさせることを顕微授精という。顕微授精には、少しむずかしい用語ではあるが、透明帯開孔法、囲卵腔内精子注入法、卵細胞質内精子注入法の三つの方法がある。透明帯開孔法とは卵子の透明帯の一部をカットする方法で、また、囲卵腔内精子注入法とは透明帯と卵子の細胞膜の間に精子を注入する方法で、いずれも精子が透明帯を通過するのを助ける方法である。卵細胞質内精子注入法とは文字どおり、卵子の細胞質のなかに精子を注入する方法である。いずれの方法によっても産子が得られている。顕微授精の技術は日々改良され、不妊クリニックによって異なるが、優れた施設では妊娠率は四〇％、出産率は三〇％ほどにもなっている。

妊娠可能な精子濃度は、自然妊娠では一ミリリットルあたり四〇〇〇万匹以上、人工授精では二〇〇万匹以上、体外受精では五万匹以上とされている。また、顕微授精では一匹でも精子があれば妊娠可能である。さらに、完成した精子でなくとも形成途中のものでも顕微授精によって妊娠が可能となることから、精子の少ないことに起因する不妊にとって顕微授精は究極の不妊治療といえる。

二一世紀初頭においては、体外受精や顕微授精により、一年間に世界で一〇万人、日本でも一万二〇〇〇人が出生すると予想されている。そのようなことも影響し、いま、不妊クリニックは活気にあふれている。子どもが誕生することは、心豊かにするものであるうえ、みずからの技術が子どもの誕生に直結することが、不妊クリニックに活気と緊張感を与えているのである。私の知る宮城県古川市にある京野レディースクリニックの京野廣一院長は、私の研究室のセミナーに毎週出席する熱意ある産婦人科医であるが、フロンティア精神あふれる医師でもある。海外からの情報収集、家畜の分野の技術者との交流など、きわめて活発である。京野院長のかかげる世界一の医療レベルを目指す高い目標や世界を視野に入れた技術開発戦略は、不妊治療の分野のみならず、アニマルテクノロジー分野の研究者、技術者にも強いインパクトを与えるものである。

エンブリオロジストの誕生

家畜の増殖にかかわる分野の研究者・技術者と産婦人科医、泌尿器科医と共同で運営する学会には大きなもので三つある。日本受精着床学会、日本哺乳動物卵子学会、日本不妊学会である。日本受精着床学会は年一回開催され、その研究発表会には、後述するエンブリオロジストも多く出席する。また日本哺乳動物卵子学会は、卵子という狭い領域をカバーする学会にもかかわらず、会員数が七〇〇名を超えるようになっているが、家畜の分野と医学分野の研究者が半々ほどで構成されている。これらの二つの学会は、不妊治療にかかわる民間の病院からの出席者の多いのも特徴である。日本不妊学会は医学分野の研究者がほとんどを占める学会ではあるが、シンポジウムなどでは、必ず家畜の増殖に関するテーマが取り上げられる。

このようななかで、日本哺乳動物卵子学会は生殖補助医療胚培養士、通称エンブリオロジストの資格認定を行うようになっている。不妊クリニックで体外受精や顕微授精を行う技術者の質を保証する資格認定制度である。このような資格認定が、医師のみで構成される学会ではなく、家畜の分野の研究者が、ほぼ半数を占める学会で行われるのである。資格認定は筆記試験、面接からなるが、これを実施する試験委員会のメンバーは医学と家畜の分野の研究者が半々である。このような日本哺乳動物卵子学会が行う資格認定制度を日本受精着床学会や日本不妊学会、あるいは日本産科婦人科学会が了承したのである。このことは不妊治療の進歩において画期的なことであり、将来、大きな影響を与えることになるだろう。このような医学の決断を、家畜の分野の研究者は重く受け止める必要があるだろう。

平成一四年度に実施された第一回の認定試験では、一四〇名を超える合格者が誕生したが、家畜の分野の卒業生が、合格者の約二五%を占めている。このように不妊治療を支える人材の面でも、アニマルテクノロジーと不妊治療とは強く結ばれている。なお、資格認定試験の受験資格はつぎのとおりである。(1)日本哺乳動物卵子学会会員であること、(2)学校教育法にもとづく専修学校において化学および生物学を修め、臨床検査技師または正看護婦(士)の資格を有する者、または大学医学部、生物資源科学部、農学部、生物理工学部、薬学部、獣医学部、獣医畜産学部またはそれに準じる機関において化学および発生・生殖生物学を修めた者で、学士または日本哺乳動物卵子学会が受験を認めた者、(3)日本哺乳動物卵子学会主催の生殖補助医療胚培養士資格認定講習会に出席した者、(4)日本産科婦人科学会の体外受精・胚移植、およびGIFTの臨床実施に関する登録施設において一年以上実務経験を有する者、(5)生殖補助医療に対する高い倫理観を有する者、(6)日本哺乳動物卵子学会および日本学術会議に登録されている生殖生物学分野の学会および研究会(日本産科婦人科学会、日本不妊学会、日本受精着床学会など)に過去一年以内に二回以上の出席をした者、である。

4　アニマルテクノロジーの希少野生動物への応用

多くの野生動物が絶滅の危機に瀕している。地球の歴史のなかで野生生物は、新生と絶滅を繰り返してきたが、二〇世紀以降における絶滅の速度は、これまでの歴史にないほど急速になっており、毎年四万種ほどの野生生物種が絶滅しつつあるといわれている。わが国においても個体数がきわめて少なく、このままでは絶滅すると考えられている希少動物種は、脊椎動物だけでも約二五〇種以上とされ、哺乳類や鳥類でも一部のものが、すでに絶滅危惧種、危急種および希少種の指定を受けている。野生動物は家畜や実験動物の資源でもある。また、野生動物は生態系を構成する要素のひとつであり、生態系の維持に不可欠である。種が絶滅すると、長い動物進化の過程で蓄積された遺伝情報はすべて失われてしまう。二度と同じ種は誕生しない。そのため、希少種や絶滅危惧種の遺伝子保存や人工増殖が真剣に考えられるようになっている。このようななかで、アニマルテクノロジーが存在感をもつようになっている。

希少動物種や絶滅危惧種の救助

動物にも相性がある。同居すればただちに交尾が行われ、子どもが生まれるわけではない。相性が悪く、子どもができないケースも多い。個体数の少ない希少動物種や絶滅危惧種ではなおさらである。しかし、人工授精によれば、そのような相性を越えて子どもをつくることができる。雌が絶滅しても、近縁種に人工授精を繰り返すことにより、かぎりなく絶滅種に近い個体を復元できる。さらに、このような希少動物種や絶滅危惧種の雄では、精子数が少なかったり、精子の運動性が悪かったりすることも多く、人工授精を行えない場合もある。そのようなときには顕微授精を応用することもできる。

野生動物は、ほとんどが季節繁殖性を示す。すなわち交尾行動は特定の季節、繁殖期に集中する。このような動物では、繁殖が可能な繁殖期以外には精巣のなかに精子は認められない。また、繁殖期と非繁殖期の長さを比べると、非繁殖期の期間のほうが長い。希少種や絶滅危惧種の場合、死亡した個体から精子を採取するケースが多いが、これらは非繁殖期に死亡する確率が高い。そのようなことから、完成した精子が得られないことのほうが多い。そこで、精子になる前の細胞である精原細胞や精母細胞を体外で培養し、精子形成を行わせることが求められる。マウスでは精巣から分離した栄養細胞の培養が可能となっており、この栄養細胞と精母細胞を同時に培養することによって、精子をつくることが可能になっている。精母細胞を顕微授精することによって、子どもを誕生させることも可能になっている。

加齢にともなって、卵巣のなかの卵子の数は減少する。希少動物種や絶滅危惧種では老齢で死亡する場合が多いので、死亡した動物の卵巣のなかの卵子の数はさほど多くない。また、そのなかの多くは発育途中のものである。しかし、卵巣から卵子を分離し、体外で発育させ、受精させる技術の応用が可能である。第3章で述べたように、ウシでは発育途中の卵子を体外で発育させる研究も進んでいる。

さらに、体細胞クローン技術は希少種や絶滅危惧種の増殖にもっとも大きな影響を与えるだろう。細胞の核を、核を除いた近縁種の卵子に移植することによって増殖が可能である。また、個体増殖が可能になったとして、自然なかたちで個体群を復元するためには、雌雄が自然に交配するような環境を整える必要がある。ここにもまた、応用可能なアニマルテクノロジーの知恵がある。

このように家畜で開発された考えや技術の応用によって、希少動物種や絶滅危惧種を増殖することが可能である。当然のことながら、それぞれの種には特徴があり、家畜で開発された技術を単純に応用することはできない。家畜で開発された技術をもとに、それぞれの種に適した技術の開発が求められている。

野生動物の生殖細胞の保存

希少動物種や絶滅危惧種の保存には、生息地の保護による野生状態での個体の保存、動物園などでの飼育による個体の保存が考えられる。しかし、生息地の保護には広大な土地を必要とし、開発も規制しなければならない。また、動物園などでの保存にはスペースに限度があり、希少動物を、すべて動物園で飼育することは不可能である。このようなことから、凍結した配偶子や胚で動物の保存を行うという試みがなされている。これを一部では「冷凍動物園」ともよんでいる。すでに家畜を用いて開発された精子や卵子、胚の凍結保存法が応用され、成果をあげている。このような精子、卵子や胚を凍結しておけば、技術の応用によって個体復元や増殖が可能になる日もくるだろう。

奄美大島の南端に東京大学医科学研究所の小さな施設がある。奄美病害動物実験施設とよばれる施設である。背後にはハブの生息する山がひかえ、前方にはサンゴ礁の海が広がっている。この施設の一角に顕微鏡や細胞培養装置が設置された研究室があり、動物の精子や卵子が取り扱えるようになっている。かつて獣医学研究部に所属した豊田裕教授や私がそろえたものである。奄美大島を含む南西諸島には、わが国でリストアップされている希少動物種や絶滅危惧種の多くが生息している。この施設を舞台に、それらの遺伝子保存の実施が計画されたことがある。そのころ、私はワタセジネズミに興味をもち、何度も奄美大島に足を運んだ。ワタセジネズミは、きわめて小型の食虫類の一種であり、実験動物として優れた価値があると考えたからである。餅に黒豆をまぶしたような卵巣をもっている。黒豆が卵子である。ワタセジネズミの人工繁殖を目指し、卵子の体外成熟・体外受精を試みたが、大きな成果はあげられなかった。いまもって心残りである。しかし、当時、日本生物科学研究所にいた中潟直己研究員がワタセジネズミの精子を採取し、凍結保存に成功した。私にとってもうれしいことであった。その後、私は東北大学に異動することになり、このプロジェクトは中断することになったが、希少動物種や絶滅危惧種のことが話題になるたび、奄美の風景を思い出す。その美しい風景のなかに、さびしく種の絶滅を迎えようとしている動物たちがいるのである。

生殖細胞の保存と個体復元

凍結した哺乳類の精子や卵子から個体を復元するためには、凍結した精子と卵子の融解→体外受精→受精卵の仮親の卵管や子宮への移植という過程を経なければならない。また、精子や卵子ではなく、胚で保存したとしても仮親への移植が必要である。希少動物種や絶滅危惧種では、同種の仮親を用意することがむずかしい場合が多いので、亜種あるいは近縁種への移植を考えなくてはならないが、すでに成功例もある。ウマに、異種の動物であるシマウマの胚を移植することによって、正常な子どもが誕生している。この場合、妊娠維持のため免疫抑制剤を使っているが、体型や妊娠期間がほぼ同一であれば、近縁種への胚の移植も可能である。

さらに別個体からの胚どうしを融合したキメラの作製技術は、家畜の生産に取り入れられることはなかったが、希少動物種や絶滅危惧種の繁殖に応用できるかもしれない。たとえば、ヤギ（goat）とヒツジ（sheep）の胚を集合させたキメラが誕生している。Goat と sheep を合成して geep（ギープ）とよんでいるが、ギープの誕生は希少動物種や絶滅危惧種の増殖に示唆を与えるものである。ヤギとヒツジは種が違うので、通常では異種の母親の子宮から拒絶されるが、キメラにすると、母親の胎盤と合うような細胞も含まれるため、妊娠が可能である。このような技術は、配偶子や受精卵の凍結保存によって、胚はつくることができるが、母親を用意することができない希少動物種の繁殖にも応用できる。

トキの遺伝子保存と利用

佐渡島でトキが飼育されている。トキの学名は *Nipponia nippon* であり、日本人にとっては特別な存在でもある。もしトキが絶滅すれば、トキの学名も死語となる。*Nipponia nippon* という学名が永遠に消えるのである。わが国に生息した野生のトキは二〇〇三年一〇月、絶滅したが、幸い、中国から導入されたトキが増殖し、絶滅回避の見通しが出てきた。うれしいことである。

しかし、ここに至る過程で真剣にトキの絶滅が心配された時期があった。中国でもトキが絶滅へと向かっているといわれたからである。そのようななかで環境庁（現・環境省）は「希少野生動物の遺伝子保存と利用」に関する研究班を、早稲田大学の石居進教授を班長として立ち上げた。この時期、捕獲して飼育していたトキがつぎつぎに死亡し、生息するのは雌雄一羽ずつとなったからである。また、この二羽とも老齢となり、子どもをつくるのは絶望と判断された。そこでトキが死亡した場合、遺伝子をいかにして保存し、それをどのように利用するかについて具体案を作成することが求められたのである。何度もメンバーは集まり、熱い論議を交わした。そして、一九九四年三月に報告書が完成した。

報告書の完成を待っていたかのように、一九九五年四月、雄のミドリが死亡した。早朝五時ごろ、石居教授から電話があった。「夜半にミドリが死亡した。佐渡島の現地に集合してほしい」との連絡であった。当時、東京の本郷に住んでいた私は、ただちに、始発の上越新幹線に乗り、新潟へ向かった。死亡した場合の緊急連絡網も、だれがなにを準備するかなどの打ち合わせもすでにできていた。始発に乗車したので私が一番乗りだと思ったが、東京からのメンバーは、ほとんどすべて始発に乗車していて驚いたのを覚えている。フェリーに乗り、佐渡島にわたり、そして昼前に佐渡トキセンターに到着した。ただちに組織や細胞の保存を行った（図4・8）。所要時間は二〜三時間。当時の農林水産省農業資源生物研究所の居在家義昭室長が細胞保存の担当で、スターラーを回しながら細胞を分散し、液体窒素のなかに細胞を保存していた姿が思い出される。死亡してから細胞や組織が保存されるまでにかかった時間は約一二時間であった。保存を行うメンバーがほとんど東京からかけつけたにもかかわらず、死後、約一二時間ですべて保存は完了したのである。いま考えれば、遺伝子保存にとってベストの時間にミドリは死んだものだと思う。居在家室長が苦労して保存した細胞は、融解して

図 4.8 死亡したトキの遺伝子保存．全国から佐渡島にかけつけたトキ遺伝子保存チームのメンバー（上）とメンバーによる遺伝子保存（下）．

培養され、増殖することが確かめられた。これによりミドリの細胞は、永遠に生きたまま保存可能となったのである。

トキの遺伝子についての論議

石居教授の主催した研究班では、トキの遺伝情報の管理と利用について論議が続けられたが、保存遺伝情報の利用については二つの相入れない考えが出された。つぎの（1）、（2）である。（1）保存しておくだけでは遺伝情報の存在も忘れられ、価値そのものもなくなる可能性があるので、利用したいとの希望者があれば、分譲すべきである。（2）個体復元が可能になるまで、すべての遺伝情報を手つかずのまま保存し続けるべきである。（1）は、保存遺伝情報を用いてトキの個体復元を考えることに異存はないが、実際に個体復元が可能になるには相当の年月を要すると思われる。その間にトキの遺伝情報の存在そのものが忘れられ、結果的に「死蔵」となってしまうという意見である。（2）は、保存遺伝情報の量にはかぎりがあり、数回の試みによりすべてを消耗してしまうものもあるので、保存遺伝情報を用いて個体復元が可能とのコンセンサスが得られるまで利用を待つべきであるとの考えである。

以上の考えは、きわめて原則的なものであるが、保存目的の主旨は二つに分けられる。ひとつは保存遺伝情報を用いてトキの遺伝子、遺伝子産物、細胞、組織などの特徴を、現在のレベルでできるだけ明らかにしようというものである。もうひとつは人工繁殖技術の発達を待って、保存した遺伝情報を用い、個体復元を目指すというものである。このような二つの考えはどちらも重要であるが、一面では深刻に対立する内容も含んでいる。保存遺伝情報の量はかぎられており、(1)の考えにもとづいて管理されるならば、保存遺伝情報はきわめて短期間のうちになくなってしまうであろう。(2)の考えに重きをおけば、将来、どのような人工繁殖技術が開発されるか予想できない点もあるので、できるだけ多様な、多量の試料を手つかずのまま保存すべきとの結論になる。

このような対立を乗り越え、二つの考えとも可能にする案が報告書に取り入れられた。それは、保存する細胞や組織に、保存の優先順位をつけることである。すなわち、希少動物種や絶滅危惧種の増殖には人工授精技術が有効であり、そのために生存中に精液を採取し、保存する。死亡した場合には、精巣や卵巣をただちに摘出し、小片として凍結保存しておくことによって、顕微授精技術や、卵子や精子の体外形成技術の応用が可能となる。また、体細胞クローンを利用するため多様な細胞を凍結保存するとともに、培養により増殖し、保存細胞数の減少を食い止める。

死亡したミドリの細胞や組織は、このような考えにもとづいて保存された。このようにして保存された細胞の利用が今後どのようになるか、見守っていきたいと思う。しかし、その利用は、アニマルテクノロジーをぬきにしては考えられないだろうし、アニマルテクノロジーの進展が、その利用方法に影響を与えることは間違いない。

5 アニマルテクノロジーと生命科学

アニマルテクノロジーはテクノロジーではあるが、その成果は、生命現象の基本を明らかにする手段ともなっている。たとえば、体細胞クローンの研究は、核を除いた卵子に細胞を導入すると分化した細胞が脱分化し、再度、分化の全能性を獲得することを明らかにした。これは、生命の基本を解析する新たな手段を研究者に与えたと評価されるだろう。また、細胞の凍結保存の先駆けともなる精子凍結保存法をも生み出してきた。このようにアニマルテクノロジーは、概念においても手法においても生命科学研究にインパクトを与え続けてきている。そして、今後もそうあり続けるに違いない。

一方、アニマルテクノロジーによって生み出された家畜は、野生動物に比べ遺伝的な変異の幅の狭い集団となっており、再現性ある結果を求める生命科学の研究対象動物に適した動物集団である。生物は多様である。ひとつの種における生命現象の解明が生物界全体に普遍化しうることはそう多くはない。とくに発生や脳などの高次機能については、いかに分子生物学が発達しようと多様性をふまえて論議していかなければならないだろう。遺伝的に偏りの少ない多数の家畜品種の研究成果は、生命現象の解明においてもより大きな役割を果たすようになるだろう。

さらに、ヒトをゲノムのレベルで理解しようとするヒトゲノムプロジェクトにおいても、家畜のもつ意味は大きい。ゲノム研究が進むにつれて、機能の不明な新規遺伝子が多数同定されている。このような遺伝子の機能解析が必要となっているが、マウスなどの実験動物のみならず、家畜を用いて研究することも必要であろう。遺伝子導入あるいは遺伝子ノックアウトなどの手法が力を発揮することになる。また、家畜のゲノムの解析が進めば、塩基配列レベルでの遺伝子の比較が行われ、塩基配列のもつ意味を理解することも可能になる。私はヒトのゲノム研究においては、家畜のゲノム研究と家畜の生物学がよりいっそう、存在感を発揮するだろうと考えている。従来、家畜の生命現象を明らかにしようとする基礎研究は、アニマルテクノロジーの分野では、それほど高い評価は得られなかった。たとえば「家畜の生物学」というような表現は、「役に立たない学問」の象徴のようにいわれた時代もあった。しかし、現実は大きく変わろうとしているのである。

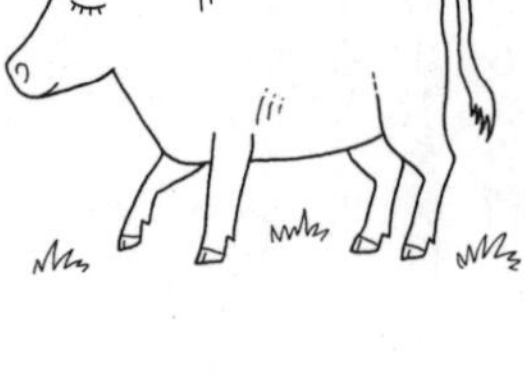

第5章　安全性を考える——アニマルテクノロジーの課題

乳肉など食糧の生産のみならず、医薬品・臓器生産、野生動物の保護にも影響を与えるようになったアニマルテクノロジーは、安全性の観点から再考を迫られている。とくに、飼料添加物の残留、家畜排泄物が原因と思われる食中毒、牛海綿状脳症（BSE）の発生など、家畜生産に対する信頼性をゆるがす事件を契機として顕在化したものである。BSEの発症においては、肉骨粉や汚染の可能性のある食肉の取り扱いにおいて、畜産関係者の職業倫理が問われる場面も多かった。さらに食肉表示違反事件も起きた。このようなことに対する反応をみると、家畜生産やそれを支えるアニマルテクノロジーに対し、人々はその発展に期待するよりも、むしろその負の側面に注目し、反省を迫り、軌道修正を求めているようにも感じられる。

人類とともに歩んできた家畜生産は、いま、このように逆風のなかにある。すなわち、家畜の改良、優良家畜の増産、効率的な家畜・畜産物の生産を目標に掲げてきた家畜生産の哲学が、安全性を求める人々によって修正を迫られている。このことを真剣に考えなければならない。未来を語る前に安全な家畜生産のあり方を語らなくてはならない。飼料、BSE、人畜共通感染症、家畜の排泄物、体細胞クローン、医療に用いる家畜について、安全性にかかわる問題について考えてみよう。

1　飼料の安全性

家畜を飼育し、成長させたり、繁殖して子どもを得たり、乳、肉、卵などを生産し続けるには餌、すなわち飼料が必要である。たとえば、表5・1にウシの食材を示したが、実際にはこれらから家畜に適した食材を選抜し、切断、破砕、加熱などして混合し、それぞれの家畜の好む飼料をつくっている。家畜の飼料を調合・販売する会社も多く、先進国のウシの多くは、市販された飼料を食べている。そして、飼料はヒトの加工食品と同じく保存可能な状態で販売されることが多い。このような現状をみれば、飼料の安全性を脅かす要因は、個々の食材のみならず、輸送、混合、保存において発生することがわかる。

個々の食材についてみると、飼料になるトウモロコシなどには遺伝子改変作物が使われている可能性は排除できない。また、害虫などから作物を守るために、栽培においても、収穫後においても、農薬が使われることがある。さらに口蹄疫という病気が、粗飼料として輸入した稲わらが原因となって

表 5.1　ウシの食材.

濃厚飼料（繊維成分の含量が低く，養分含量の高いもの）
トウモロコシ・オオムギなどの穀類
マメ類
イモ類
ダイズ粕
ナタネ粕などの植物性油脂類
フスマなどのヌカ類
ビール粕・トウフ粕などの粕類
魚粉・脱脂粉乳などの動物質飼料
粗飼料（繊維成分の含量が高く，養分含量の低いもの）
牧草類
青刈トウモロコシ・青刈オオムギなどの青刈飼料作物類
飼料かぶ・ビートなどの根葉・果菜類
ラッカセイ茎葉などの作物副産茎葉類
ススキ・ササなどの野草類
稲ワラ・麦ワラなどのワラ類
特殊飼料（濃厚飼料，粗飼料のいずれにも属さないもの）
貝殻類などの鉱物質飼料
尿素などの非タンパク態窒素化合物
ビタミン・アミノ酸・微量ミネラル・抗生物質などの飼料添加物

発生した例もある。口蹄疫はヒトへの感染はないとはいわれているが、家畜の生産性を低下させる深刻な病気である。

一方、飼料の保存性を高めたり、栄養価や嗜好性を高めたりする飼料添加物が使われることもある。肉ウシを育てるときに、ステロイドホルモンであるエストロジェンを投与することがある。エストロジェンの投与によって筋肉のタンパク質が増加し、八〜一五％の増体効果があるとされている。遺伝子組換えにより安価に購入できるようになった成長ホルモンの利用や脂肪沈着を減少させるβ-アドレナリン作動薬が利用されることもある。また、抗生物質のひとつであるモネンシンやサリノマイシンをウシに与えると、飼料の効率が五〜一五％向上するといわれている。わが国では、「飼料の安全性の確保及び品質の改善に関する法律」（飼料安全法）によって、有害物質を含有、または含有する疑いのある飼料を家畜に与えてはいけないことになっているが、飼料の品質の低下を防止し、有効な利用を促進する目的で、飼料安全法に抵触しない酸化防止剤、カビ防止剤、抗生物質、合成抗菌剤、抗線虫剤、抗原虫剤などの薬剤が加えられることもあるのが現状である。

家畜は、体は大きくても繊細な生命体である。健康を害する食材や添加物を食べれば体調不良になり、発育も乳や肉の生産性も落ちる。飼料が生命を脅かすものであれば、まず家畜の健康に弊害が現れる。また、屠殺した家畜は獣医師によって、内臓を含めすべての臓器が検査されるが、家畜の健康を害するものを食べていれば、内臓に病変が現れる。そのようなことから、飼料や飼料添加物は、家畜によってその安全性が絶えず検査されているともいえる。家畜はたくましさももち合わせ、有害なものでも、肝臓などで分解・無毒化する場合もある。健康な家畜であれば、生産物がヒトの生命を脅かすことはないと考えられる。しかしながら、このような論理はすべての人々を納得させるものではない。ヒトは物質代謝の機能において家畜と異なる点も多く、家畜に比べて長命であり、体格も異なる。家畜に無害なものがヒトの安全性を脅かす場合もあるだろうし、残留した微量なものがヒトの健康に影響を与える可能性は否定できない。小さな可能性をも排除しなければ、人々を安心させることはできない。家畜のみならず、ヒトが摂取しても無害な食材、添加物を飼料にすることによってしか、信頼を得ることはできないだろう。

2　BSE問題と解決への道

残念ながら二〇〇一年九月に、わが国においてもBSEが発生した。牛肉の安全性に多くの人々が疑念をもち、消費が著しく落ち込んだ。とくに子どもをもつ若い母親が敏感に反応したと聞いている。東北大学農学部のまわりにも焼肉店が数店あるが、BSEが発生した後は、いずれも閑散としていた。米沢牛を売り物にする焼肉店もあり、食通の通う店として知られていたが、BSE発生後は、パタッと客足が途絶えた。たまに立ち寄ると、貸し切り状態のこともあった。食材を知り、食にくわしい食通の人々にも恐怖を与えたのである。

英国にとどまっていたＢＳＥが欧州各国に広がったころから、わが国での発生は時間の問題とみられ、監視が開始された。しかし、実際に発生すると混乱が生じた。わが国ではじめてＢＳＥと診断されたウシは、最初は敗血症と診断され、廃棄処分となった。農林水産省の研究機関に頭部がまわされ、病因がくわしく検査され、後日、ＢＳＥと診断されたが、最終の診断結果が出されるまでに、さらに紆余曲折があった。専門家によって高い評価を得ていたわが国の研究機関でＢＳＥと診断されたものが疑似ＢＳＥとされ、英国の機関に再度診断を依頼することになったのである。英国での診断を経て、やっとＢＳＥとの最終診断が下った。残念ながら、わが国の研究機関の診断が信用されなかったのである。また、廃棄処分になったウシは、頭部は検査にまわされたが、それ以外は、ＢＳＥと診断が下される前に肉骨粉にされてしまった。このような混乱が人々に大きな不安を与えてしまった。

しかし、人々は、徐々にわが国の検査体制に対する信頼を回復し、牛肉の消費も復活してきた。ＢＳＥが大量に発生した英国においても、ウシに対する恐れは沈静化してきている。英国では、これまでに一八万頭を超えるＢＳＥの発生が確認されているが、二〇〇一年には五二〇頭あまりに減少し、その後も減少している。ヒトはＢＳＥを制圧できると考えてよい。制圧を可能にしたＢＳＥの診断、予防の実際についてみてみよう。

ＢＳＥはウシの病気である。脳が海綿状となり、空胞ができ、異常行動が現れる。一方、ヒトにもクロイツフェルト・ヤコブ病という病気があり、ＢＳＥの病変と近似している。これらがそれぞれ独自の病気であれば、さほど問題にはならなかったであろう。しかし、ＢＳＥの病原体が畜産物を通してヒトに感染し、クロイツフェルト・ヤコブ病を引き起こすことが示唆されるようになり、人々に大きな不安を与えることになった。さらに、病原体は、ウイルスとも毒素とも異なるプリオンであり、いまだ治療法はない。プリオンは不思議な性質をもつ。健康体のウシもプリオンをもつが、異常プリオンが感染すると、異常プリオンを連鎖的に異常プリオンに変化させて病気を起こす。病原体がまったく新しいタイプのものであることや、発症しても治療法がないというところに人々は不安というよりも、むしろ恐れをもったのである。

治療法はないが、BSEに感染したウシの診断は可能である。また、BSEは、飼料として使われた肉骨粉に混入した病原体によって感染したことが突き止められた。すなわち、BSE病原体に感染したウシの廃棄物が肉骨粉にされ、その肉骨粉を食べたウシにBSEが感染し、そのウシがまた肉骨粉にされ、別のウシへの感染源となって、大流行を起こしたのである。BSEウシの脳を子ウシへ口から与えた実験では一グラムで感染する。乾燥させた場合は、〇・一グラムである。わずかな量で感染するのである。しかしながら、これらの事実は、BSE病原体に汚染された肉骨粉の流れをストップさせれば流行は防ぐことができ、制圧できることを示している。英国では一九九六年にウシはもちろん、ブタ、ニワトリ、ウマ、魚への肉骨粉の使用を禁止した。これによって英国でのBSE発生件数が激減したのである。わが国においても、肉骨粉の使用は禁止されるとともに、屠場においては、BSEの蓄積部位と考えられる脳、脊髄、眼、回腸遠位部を除去するとともに、二〇〇一年一〇月一八日から屠場に出荷されたウシ全頭についてBSE検査が義務づけられている。しかし、不安は不安を増幅させる。牛肉だけでなく、牛乳の安全性も問題になった。ＢＳＥに感染しても、潜伏期が長いので、ＢＳＥに感染したウシから乳をしぼることがないとはいいきれない。明確に証明されるには時間がかかると予想されるが、ＢＳＥに感染した母ウシの乳を飲んで育った子どもでも、ＢＳＥに感染した例はないと考えられている。牛乳は安全であると考えてよいこととなっている。

牛肉や牛乳の安全性宣言において、研究者や行政の担当者の表現はきわめて慎重であった。無視できるようなわずかの可能性でも、可能性がある場合は可能性がないとは断定しない。科学的態度とはそのようなものであるが、慎重な科学的態度に対して人々がいらだつ場面が多かった。しかし、「きわめて可能性は低い」という表現を人々は自己責任で解釈する必要がある。どのような食材・食品であろうと、「まったく安全」と表現することは実際にはありえないからである。

多くの利害の絡んだ問題を抱える行政の対応は、いつも慎重である。さまざまな配慮が必要であるからである。そのようななかに、ＢＳＥのように研究者でさえ即答しかねる問題が発生する。人々は行政や研究者に即答を求める。そして、即答が不可能ななかで混乱が生じると、人々はわずかのミスを犯した者をやり玉にあげ、糾弾する。このように行動する人々は、科学技術の恩恵を受けて生活しているなかで、自然の驚異や恐ろしさを忘れてしまったのではないかと私は思う。当然のことながら自然には未知のことが多い。生命を脅かす未知の要因も多いのである。ヒトにはまた、みずからの責任で判断し、生きてゆかなければならない局面がある。糾弾する対象をみつけることに努力するだけでなく、自然の驚異と恐ろしさに対する真摯な態度と冷静な判断が必要なのである。

わが国の食品の多くが輸入にたよっている。国内のウシだけではなく、世界のウシの状況を理解することが必要である。公式に確認されただけでも、BSEに汚染された肉骨粉は世界の四二カ国に輸出されている。世界的汚染の拡大が心配である。汚染した食品がわが国にもち込まれないよう監視が必要である。安心を得るには、長い年月が必要である。しかし、BSEについては、信頼できる診断方法も開発され、原因も突き止められ、予防が可能になった。BSEがはじめて発症したころと状況は異なる。万が一、今後も、わが国でBSEが発生し続けるようであれば、家畜生産やアニマルテクノロジーにかかわる人々は、今度こそ、問答無用の責任を負わされるだろう。

3　人畜共通感染症の課題

家畜の存在そのものが、ヒトの生活を脅かすことがある。家畜を介してヒトに感染する病気も多いからである（表5・2）。病気の家畜と接触する、畜産物を摂取する、あるいは蚊などを媒介として感染する、などによって家畜の病気がヒトに感染することがある。そのなかに、病名に「日本」の名前がつく日本脳炎がある。ウマでもっとも多く、ブタ、ウシのほかヒトにも感染する人畜共通感染症である。わが国では、ウマにおける日本脳炎の発症は一九四八年がピークであったが、その後減少し、一九七二年以降発症例はない。これは発症ウイルスの同定、蚊の駆除、予防接種による成果である。

表 5.2　わが国で発生した人畜共通伝染病.

疾病名	動物	病原体	病原体名	ヒトへの感染経路
日本脳炎	ウマ，ブタ	ウイルス	日本脳炎ウイルス	蚊
ニューカッスル病	ニワトリ	ウイルス	ニューカッスル病ウイルス	接触，気道
炭疽	ウシ，ウマ，ヒツジ，ヤギ，ブタ	細菌	炭疽菌	接触，経口（肉）
結核	ウシ	細菌	結核菌	気道，経口（乳,肉）
ブルセラ症	ウシ，ヒツジ，ヤギ，ブタ	細菌	ブルセラ菌	接触，経口（乳）
リステリア症	ウシ，ヒツジ，ヤギ，ブタ	細菌	リステリア菌	明らかでない
レプトスピラ症	ウシ，ブタ	細菌	レプトスピラ菌	接触
豚丹毒	ブタ	細菌	豚丹毒菌	接触
皮膚糸状菌症	ウシ，ウマ，ブタ	真菌	皮膚糸状菌	接触
トキソプラズマ症	ブタ，ヒツジ，ヤギ	原虫	トキソプラズマ原虫	接触，経口（肉）
無鉤条虫症	ウシ	寄生虫	無鉤条虫	経口（肉）
肝蛭症	ウシ，ヒツジ，ヤギ，ブタ	寄生虫	肝蛭	経口（肉）

いまも夏が近づけば、家畜に対し予防接種が行われる。

私には忘れられない思い出がある。私が子どものころ住んだ北海道の町には、当時、多くのウマがいた。ウマの背や馬そりに乗って外出する人もいた。家の前には、祭りがくると挽曳競馬が行われる小さな競馬場もあった。このようなことから、ウマは私たちにとって親しい家畜であった。小学生のあるとき、クラスメートの女の子の家のウマが日本脳炎にかかった。日本脳炎に冒されたウマは殺され、家も封鎖され、外との接触も禁止された。もちろん通学も禁止された。まだ電子メールはもちろん、電話も発達していない時代であったので、接触禁止は文字どおり隔離であった。幸い、ヒトへの感染はなく、その後、その女の子は学校に復帰した。うれしかったが、可愛く活発だったその子が、けわしい顔になり、心なしかほかのクラスメートと距離をおくようになったことをいまでも記憶している。人畜共通感染症を考えるとき、そのときの印象がよみがえる。人畜共通感染症は、ヒトの伝染病でもあり、ヒトの心に大きな傷を負わせるものでもある。大きな家畜集団をもつようになったヒトにとって、人畜共通感染症は絶対に発生させてはならない病気なのである。

一方、動物の世界には、いま、新しい病気が登場している。BSEもそのひとつである。開発と交流が進み、一部の地域の病気が世界に広がったことにもよる。また、野生動物と家畜の接触する機会が増え、新しい病気に感染する家畜が増えたとも考えられる。最近、「エマージングウイルス」ということばを耳にするが、野生動物の世界にも「エマージングウイルス」が現れ、アザラシやライオンなどの大量死を引き起こしている。このようななかに人畜共通感染症のないことを願っているが、ないとはいいきれない。野生の動物とも共存してヒトは生きている。野生動物の病気を予防し、野生動物を保護するとともに、ヒトへの感染の可能性も排除しなければならない。そのためには、ヒトの病気のみならず、家畜や野生動物を絶えず監視し、それらの健康を維持することが必要である。そのことが、ヒトの安全を保証するのである。

4 家畜の排泄物の安全性

家畜の排泄物によって環境汚染が引き起こされている。悪臭、汚水が目立っているが、毒性をもつ微生物を排泄することにより、安全性を脅かす事例も知られている。とくに、腸管出血性大腸菌（O-一五七）とクリプトスポリジウムは一部の地域で集団感染を引き起こしている。

ヒトや動物の腸には大腸菌が常在しているが、一部の大腸菌はヒトに対して食中毒や下痢症を引き起こす。このような病原大腸菌のなかでも、もっとも毒性が強いのがO-一五七である。ウシやヤギなどは〇・〇四〜三・四%ほどのものが、腸管にO-一五七をもっているといわれている。糞便が水路などを通って畑に拡散し、野菜類などに混入したり、未殺菌の飲料水に混じったりして感染するという見方が有力である。また、屠場において、腸管に含まれる糞便が飛散して、食肉などを汚染したケースもあった。屠場では、ウシの体から内臓が取り出され、副生物として別途に処理されるが、このとき、腸管を傷つけ、糞便が内臓や枝肉に付着することがある。これが汚染の原因になったのである。

家畜のO-一五七について農林水産省は、二〇〇三年七月二六日付のホームページで、O-一五七は常在菌なので排除することは困難であること、ウシが保菌していたとしても衛生管理が確実に実施されれば汚染は防げることを述べている。すなわち、畜舎や放牧地における糞便の処理や水路設計を適切にすること、屠場での内臓処理において腸管に傷をつけないこと、直腸をしばって糞便がもれないようにすること、などの措置によって汚染は回避される。私の研究室のメンバーは屠場で卵巣を得て実験をしているので毎日、屠場へ行くが、そのなかで屠場の衛生管理が、O-一五七による集団感染が発生して以降、一段ときびしくなったことを実感している。現在、屠場においては、糞便が枝肉や副生物に付着しないよう特別の注意が払われるようになっている。屠場の衛生管理が、マニュアルどおりに実施されれば、O-一五七が感染することはないと思っている。

さらに家畜の糞便がかかわる新しい感染症のひとつにクリプトスポリジウムがある。クリプトスポリジウムは動物の腸管に寄生する原虫によるものであるが、原虫は爬虫類、鳥類、哺乳類に寄生する。家畜にも寄生し、北海道の調査結果によると保虫率は、ウシでは二・一%、ブタでは一・一%である。また、一カ月未満のウシでは保虫率は二・七%、一カ月以上では一・六%と一カ月未満のもので高い。わが国でも、水道水や井戸水などの飲料水に混入して集団感染が発生した事例がある。この原虫は加熱に弱い。免疫機能が正常であれば自然治癒することから、O-一五七のような深刻さはないが、家畜生産のあり方を問う原虫である。

O-一五七やクリプトスポリジウムによる食中毒は、家畜の糞便を適切に処理すること、畜舎や牧場から流れ出る糞便を田畑の水路に混入させないことで予防できる。また、クリプトスポリジウムは混入しても加熱によって不活性化する。しかし、家畜の排泄物を資源として利用する考えのなかに、家畜の排泄物をそのまま田畑に散布し肥料として利用することもあげられるが、O-一五七やクリプトスポリジウムに汚染されていれば、注意が必要な利用方法である。

5　食糧としての体細胞クローン

アニマルテクノロジーは、家畜の生命そのものを操作するようにもなっている。その代表が体細胞クローンや遺伝子改変家畜である。食材を生産するための遺伝子改変家畜の生産は中断しているが、体細胞クローンは世界中で誕生している。しかし、体細胞クローン家畜を生み出す技術は、いま、わが国では、食糧生産に貢献する技術に成長するか、とん挫するか、岐路に立っている。それは安全性についてどのように考えるかにかかっている。

わが国ではすでに、二〇〇三年一月末までに体細胞クローンウシは三三四頭誕生している。ウシには多くの品種があるが、日本在来種である黒毛和種（和牛）をはじめ多くの品種で体細胞クローンが誕生している。また、体細胞クローンをつくるために卵丘細胞、筋肉細胞はじめ、多くの種類の細胞が使われている。クローンに関する研究を行っている研究機関は、クローン家畜の生産、死亡、出荷などについて農林水産省に報告することが義務づけられており、クローン研究の情報はほぼすべて掌握され、かつ情報も公開されている。体細胞クローンウシについては、胚の死滅、流産の割合が高く、胎盤異常の頻度もやや高い。しかし、病理学的にみても、病原性をもつ疾患が発生することは認められていない。さらに、生まれた体細胞クローン個体の生理機能、発育のプロファイル、繁殖性などにおいて、普通に生まれたウシと違いはない。鹿児島県では解体試験を行い、体細胞クローンウシの性状を調べているが、調べたかぎり、ドナー細胞を提供した優良ウシの性質を受け継ぎ、高級肉を生産することや、異常はなんら認められないことを確認している。

クローン作製において安全性にかかわる問題点は二つある。図5・1に体細胞クローン胚作製の実際を示している。ひとつはドナー細胞を除核未受精卵に導入する過程で二度、卵子に傷をつけることである。卵子は透明帯に包まれているが、透明帯を破り、卵子の核を除去し、ついで体細胞を透明帯のなかに入れる。透明帯はウイルスなどの感染から卵子を守っている。卵子の培養液や操作に使うピペットがウイルスなどに汚染していたら、傷ついた透明帯の穴を通過し、ウイルスは卵子に感染する。ふたつめの問題点は、ほとんどの場合、細胞ないし細胞の核は、別の個体から得た卵子と融合することになる点である。卵子にはミトコンドリアがあり、ミトコンドリアにもDNAがあることから、クローン胚においては核DNAとミトコンドリアDNAは別個体由来のものとなる。また、核だけでな

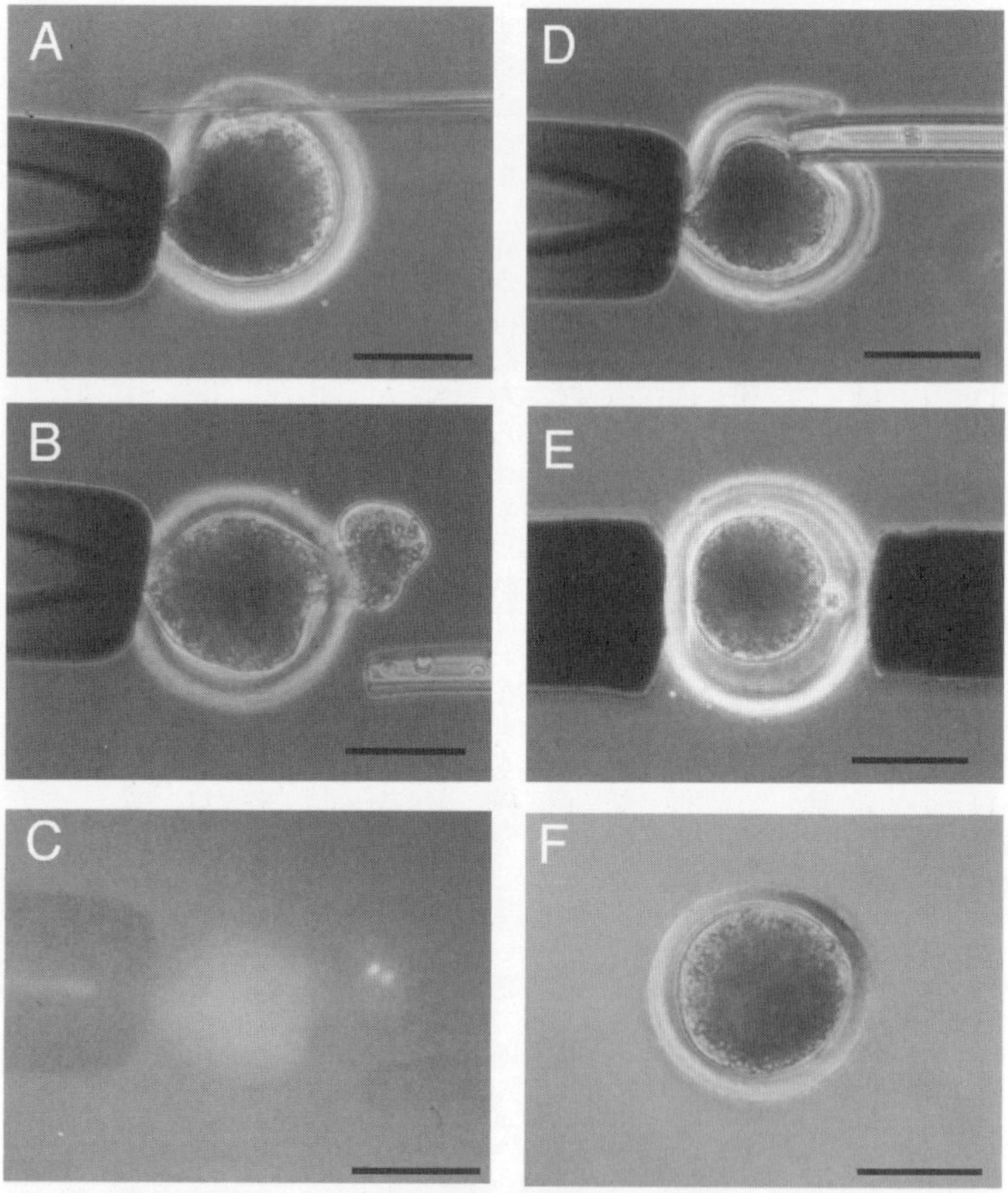

図 5. 1　卵子の除核と核の導入の実際．卵子を包む透明帯を切開し（A)，核を含む部分を除去し（B)，そのなかに核があることをDNAを染色して蛍光顕微鏡下で確かめる（C)．細胞を透明帯と卵子の間に入れ（D)，電極の間におき（E)，電流を通して融合させる（F)．このようにして体細胞クローン胚（核移植胚）ができる．

く細胞を移植した場合、細胞にもミトコンドリアがあるので、融合した胚では卵子のミトコンドリアと移植した細胞のミトコンドリアが混在することになる。このようなことが体細胞クローンや受精卵クローンが人工生物と考えられる原因にもなっている。

これらの問題点をふまえて、クローンの安全性はどのように評価するとよいのだろうか。前述したように、クローン胚を作製する過程で卵子の保護膜である透明帯を傷つけることから、ウイルスなどが感染する可能性がある。精子を卵子に注入して子どもを得る顕微授精においても同じ操作が行われてきたが、精子に付着したウイルスが卵子に導入されることも心配されている。このようなことから、操作過程ではウイルス感染などを徹底して排除することが必要である。したがって、訓練された技術者によって体細胞クローンはつくられるべきであろう。

一方、ミトコンドリアDNAの問題はやや対応がむずかしい。核DNAの発現にミトコンドリアDNAの産物が影響したり、あるいはその逆のケースがあったりする。核DNAとミトコンドリアDNAが別個体由来であるクローン胚や個体においては、遺伝子発現が変化する可能性がある。そのような遺伝子発現について慎重に調べる必要がある。ブタなどでは核DNAのなかに内在性ウイルスの遺伝子が潜んでいるので、クローン胚や個体において内在性ウイルスの遺伝子発現がどのようになるか、きちんと調べなければならない。すなわち、核DNAとミトコンドリアDNAが別個体に由来することによる細胞のなかの調節系の変化が、内在性ウイルスの発現にどのように影響するか、十分に解析する必要があるだろう。内在性ウイルスには病原性はないといわれているものの、万が一に備え、家畜のゲノムのすべてを解読し、何種類の内在性ウイルスがあり、また、ウイルス感染にかかわる遺伝子が体細胞クローンでどのようになるかを明らかにすることも重要である。

「クローンヒツジ」を誕生させたウイルムット博士は、すべての体細胞クローンは異常であると警告している。しかし、このような異常が、内在性ウイルスに原因しているとは考えられない。体をつくる遺伝子の発現の変化が異常をもたらすのであろう。ウイルムット博士の警告は重いものではあるが、体細胞クローンとして生まれ、数年も健康に生きた家畜が危険であるとは考えづらいことでもある。しかしながら、体細胞クローンについて、現時点で安全性にまったく問題がないといいきることはできない。一方、まったく問題がないと結論づけられる食材はないことも考えて、安全性を論議すべきだろう。

二〇〇〇年三月、仙台市で第九八回日本畜産学会が開催された。私もその企画、運営にかかわったが、体細胞クローンを生み出した研究者の多く集まる日本畜産学会の会員が、体細胞クローンの肉、乳を知らずして、畜産物を語ることはできないと考えた。また、その試食が研究者自身の問題意識を明確にするのではないかとも考えた。そこで懇親会に体細胞クローンの肉や乳を出すことを計画し、福島県にある家畜改良センターにお願いし、提供していただいた。許可が下りるまで紆余曲折はあったものの、当時の斉藤則夫技術第一課長にお世話いただき、実現した。万が一、輸送中に細菌に汚染したりしたらたいへんと家畜改良センターの職員に輸送をお願いしたり、仙台に到着後、私が直接受け取り、専用の冷蔵庫に見張りをつけて保存したりして懇親会に提供した。参加者の多くに試食していただいた。好評であったと記憶している。安全性の証明はむずかしい。しかし、日本畜産学会の会員が自信をもって消費者に勧めることができるようにならなければ、その普及はむずかしいのも事実である。体細胞クローン牛肉や牛乳を試食した私は、それ以前と同じく健康である。

6 ヒトの医療の安全性とアニマルテクノロジー

アニマルテクノロジーの広がりにより、医薬品や臓器生産家畜の作製が試みられ、医薬品をつくる遺伝子改変ウシはすでに実用化の段階を迎え、第4章で紹介したように、一部の医薬品については商業販売を目指すものも出てきている。

家畜のホルモンのなかには、臓器から抽出され、医療用の医薬品として市販されているものもある。また、臓器移植についても、すでに家畜の心臓弁などが臨床的に使われている。このように、すでに家畜由来の生理活性物質や臓器の使用実績があるものもある。しかし、エイズなどのように監視の目をかいくぐり、輸血によって病原ウイルスがヒトに感染した例がある。家畜由来の生理活性物質や臓器の移植においても、このような不幸な出来事はけっして起こしてはならない。

人畜共通感染症があるとはいえ、家畜からヒトへ伝染する病気の数はヒトからヒトへ感染する病気に比べ格段に少ない。このような利点をふまえながらも、考え続けなければならない課題は多い。たとえば、ブタにおいてヒトへ移植可能な臓器がつくれたとしても、ブタ臓器のヒトへの移植に際しては細心の注意が必要である。ブタ腎臓から分離した細胞を培養してつくった細胞株のひとつが内在性ウイルスをもち、ヒトの細胞に感染することが指摘されている。すなわち、異種移植によってウイルス感染が引き起こされるという指摘である。このようなことから、ヒトへ移植可能な臓器生産ブタの開発に疑問をもつ研究者もいる。

一方、アニマルテクノロジーはヒトの不妊治療にも影響を与え、人工授精、体外受精、顕微授精によって、多くの子どもが誕生しているが、このような技術の安全性の評価に家畜における研究が役立っている。家畜、とくにウシにおいて人工授精、体外受精・胚移植技術は世界的に普及し、これらの技術によって数えきれないほどの子どもが誕生しているが、誕生した子どもに欠陥のないことが証明されている。このようなことから、不妊治療で使われている人工授精、体外受精は安全な技術と結論づけてもよいだろう。また、最近の不妊治療のなかで論議になっている代理母、他人からの卵子や胚の提供についても、家畜においては日常的に行われる技術となっており、生まれた子どもにもまったく問題はない。家畜における技術がヒトの不妊治療のあり方に影響を与えるようにもなるかもしれない。

7　生物倫理からみたアニマルテクノロジー

家畜も生物界のメンバーであり、生命をもつ存在である。動物の福祉や権利の立場からアニマルテクノロジーの倫理が問われている。家畜とつきあうと、家畜の心の動きを感じる場面に出くわす。機械を扱うように家畜の生命を操作し、不都合なものを簡単に廃棄してよいものなのか、考え込むこともある。一方、家畜の永続的存続という観点からみても、アニマルテクノロジーについて再考が必要となっている。地球にはじめて誕生した生命は、その後、独自の力で生殖を行いながら連綿と生き続けてきた。個々の生物は次世代に生命を引き継ぐ本能をもっている。このような本能をいかに大切にするかという観点からの再考である。

生物が生き続けるためには子の遺伝子型に多様性を与え、環境変化に備える戦略が必要である。また、有性生殖は配偶子を若返らせ、種の老化を防いでいる。生物にとっては、生き続け子孫を残し、種としての永続性を確保することが善であり、生物の倫理である。動物もまた、その永続的存立のため、遺伝的多様性を維持し続け、有性生殖を行い、配偶子を若返らせなければならない。生物は、このようなことを本能として受け継いで実行しているが、人工環境下で飼育される家畜といえど永続的存立のためには、環境変化に耐えうる力強い集団であることが必要である。たとえば、わが国のウシでは性行為を経験せずに、ほぼすべての個体が生涯を終える。少数の種雄の精子を使って、多くの雌に子どもを産ませている。体細胞クローンや遺伝子改変家畜など、自然界においては誕生しえない子どもが生まれている。このような現状が続けば、家畜は将来どのようになるだろうか。だれも自信ある答えをもっていない。アニマルテクノロジーは、生物の倫理を念頭において進むよう、今後、軌道修正がなされるべきだろう。これもまた、広い意味で安全性にかかわる問題である。

8 アニマルテクノロジーの反省

飼料、BSE、人畜共通感染症、家畜の排泄物による感染、体細胞クローン家畜など安全性にかかわる問題について述べたが、安全性の危惧される問題点は多い。このような問題点を解決し、家畜をもち続けるには、どのようにすればよいだろうか。なにを反省すべきだろうか。

私は、家畜飼育を行う基本的考え方に関して反省が必要であると思っている。たとえば、家畜の飼料について、家畜の成長、泌乳量など、生産にかかわる指標で評価する傾向が強い。そのなかでホルモンや抗生物質などが使われてきた。家畜がヒトに食べられることを強く念頭においた発想ではなかったものと思われる。家畜飼育においては、ヒトが食べても安全な食材を飼料とすることを心がけるべきだろう。

一方、家畜そのものに対する信頼が強すぎたようにも思える。健康であるかぎり家畜は毒をもたず、病原体をまき散らすことはないとの素朴な考えが強すぎたように思える。O-一五七やクリプトスポリジウムについては、家畜に対する素朴な信仰が感染を引き起こしたともいえる。さらに、長い歴史のなかで生き続けてきた家畜が、BSEのような不思議な新しい病原体をもつことはないだろうとの信仰もあった。今後は、このような信仰を捨て、自然の驚異と恐ろしさを念頭において家畜生産を行うことが必要だろう。

人畜共通感染症は、ヒトの生存にとって恐怖ではあるが、動物と共存をはかって生きるヒトにとって、その恐怖は宿命でもある。動物を排除して恐怖から解放されたが、みずからの支配下におくことによって、再度、人畜共通感染症の恐怖にさらされるようになったのである。このような病気の連鎖を断ち切る知恵が必要となっている。アニマルテクノロジーは新たな命題を与えられている。

自然の驚異と恐ろしさを考えると、技術によって生命を操作することには慎重であるべきかもしれない。生命操作によって誕生した体細胞クローンや遺伝子改変家畜の安全性については、短期間のうちに明解な答えを出すのは困難であろう。とくに、体細胞クローンについて、たとえ、健康な体細胞クローンウシの生産物が食べられるようになったとしても、絶えず安全性についての監視を続けるべきだろう。

165——第5章　安全性を考える

第6章　アニマルテクノロジーの未来——その挑戦と責任

アニマルテクノロジーは、近代的な畜産業を成立させ、さらに新しい分野を開拓するとともに、人々の生活や生き方に影響を与えている。このようななかでアニマルテクノロジーに対し、新しい期待や批判も生まれている。第5章では安全性について述べ、人々の家畜生産やアニマルテクノロジーに対する批判に触れたが、一方、アニマルテクノロジーを動かす研究者、技術者もそれぞれ悩みや情熱をもって生きている。人々の期待や批判、そして研究者・技術者の悩みと情熱をどのようにかみ合わせ課題を解決するか、そのことがアニマルテクノロジーと畜産業の盛衰に影響する。

私は飢餓・栄養失調からの解放、環境汚染の克服、新しい理念の設定、家畜を殺すことの悩みに目を向け、さらに研究のフロンティアの課題を明確にすることが重要と考える。そうすることにより、二一世紀においても、人々に支持される新たなアニマルテクノロジーを生み出し続けることができると考える。

1　飢餓・栄養失調からの解放と家畜生産

飢餓や栄養失調からヒトを救い、健康に生きることを支える畜産物の役割は、いまもって健在である。植物の実りの季節性や収穫の変動を緩和するとともに、栄養価のある動物食を提供するのが、かつての家畜生産の意義であった。食物の保存技術が発達し、また、植物の実りも安定するようになり、気候変動による食糧危機は改善されてきた。その結果、"livestock"としての家畜の意義はうすれてきてはいるが、長い歴史にわたって、飢餓や栄養失調に苦しむ多くの人々を救ってきた家畜生産の意義は現代にも生きている。

ヒトの生存と畜産物

いま世界には、飢餓や栄養失調に苦しむ多くの人々がいる。主食のコメやパンでさえ満足に摂取できない人々もいる。また、主食を摂取できても栄養失調に苦しむ人々がいる。心痛むことである。七〇億人にも達しようとする世界のすべての人々が、満足な食生活を営むことは不可能かもしれない。人口調節の必要性について論議してもよいだろう。しかし、この世に生まれ、生きている人たちが飢餓や栄養失調に苦しむことを見過ごすわけにはいかない。

わが国にも、かつて満足に食糧が供給されず、多くの人々が飢餓や栄養失調に苦しむ時代があった。

しかし、いま飢餓や栄養失調に苦しむ人は少なく、健康で長命の人が多くなっている。わが国が清潔で豊かになり、医療が充実し、生活環境が大きく改善された結果である。そのなかでも、食生活の改善が大きく貢献していることは間違いない。とくに、食生活に畜産物が取り入れられたことの影響が大きい。このことを裏づける統計もある。明治のはじめには畜産物の消費量はきわめてわずかであったが、その後消費量は急速に増加し、一九六〇年には、国民一人あたり肉類五・二キログラム、鶏卵六・三キログラム、牛乳・乳製品二二・二キログラムとなった。さらに一九九五年には、肉類三一・三キログラム（一九六〇年の六倍）、鶏卵一七・六キログラム（二・八倍）、牛乳・乳製品九一・三キログラム（四・一倍）となった。このような畜産物の消費量の伸びに並行して、日本人の体位は急速に伸びている。平均寿命も一九六〇年から一九九五年の間に一二〜一三歳も延びている。わが国の淡白な伝統的食生活にエネルギーとタンパク質に富む畜産物が取り入れられた効果であると思う。このようなわが国の例は、世界の人々に貴重な教訓を与えるものである。畜産物は、飢餓や栄養失調から人々を救うのみならず、力強い健康なヒトを生み出す力をもっているのである。雑食性というヒトの本性にもとづく食生活が必要であることを示している。

私は、かつて共産主義体制が崩壊する間際のモスクワで暮らしたことがある。科学アカデミーの研究所で仕事をしていたこともあり、その傘下のホテルに宿泊したが、食糧事情がきびしいことが実感できた。ホテルの食堂のメニューは貧弱であった。大きな皿に卵が一個、そして別の大きな皿にはひからびた焼き魚が一匹というように、種類も少なく鮮度も悪く、量も十分なものではなかった。近くのスーパーマーケットでも、パンや野菜、ジャガイモでさえ、購入できない日もあった。購入できたとしても、量的には十分でなく、ここで暮らす人たちはどのようにして満腹感を得て、どのようにして健康を保っているのだろうかと心配になるほどであった。研究所の職員は、研究の合間に外出し、食糧の買い出しに努力していたが、ときどき、研究所では独自に調達した牛乳や肉類の配給が行われていた。実績のある研究者が、配給された牛乳や肉類を大事そうに抱えて帰宅する姿が忘れられない。郊外の畑で野菜をつくったり、森のなかで集めた木の実を保存したりして、生活の知恵を働かせていたが、それに加えて少ない量でも牛乳や肉類をとることにより、栄養失調を防いでいたように思う。

食糧事情が悪いほど、少量でも畜産物を摂取することが重要なのであろう。私はホテルの食堂で質素な食事をすることが多かったが、日本からもっていったインスタントラーメンやレトルト食品がご馳走のときもあった。しかし、しばしば、無性に肉が欲しくなることがあった。栄養失調を無意識に察知したSOSであったのかもしれない。そのようなときは、近くの高級レストランを訪ね、肉料理を注文した。そして、やはり自分は雑食性という本性、とくに肉を食べる本性をもっているのだということを実感した。

このような経験から、いかなる状況にあっても、人々が畜産物を摂取できるようにすることが大切であると私は思っている。とくに、貧困や食糧に苦しむ地域など、困難な状況にあるところで家畜生産をさかんにすることが、現代のアニマルテクノロジーに求められている。ここにはアニマルテクノロジーに対する強烈な期待がある。

困難な状況下での家畜生産

貧困や食糧に苦しむ地域で家畜生産を伸ばすには、それに対応したアニマルテクノロジーが必要である。しかし、まず家畜の能力と特性を知ることが重要であると考える。家畜を飼うためには、飼育する場所を確保しなければならない。飼料を毎日、用意しなければならない。病気になれば、手当をしなければならない。このように考えると、家畜生産を伸ばすことはむずかしいように思えるが、家畜は本来、みずからの力で食べものを探し、食し、成長する能力をもっている。そして雌は妊娠し、子どもを産み、ミルクを出す。また、ウシやヤギなどはヒトが食することのできない草をみずから探して摂食し、成長する。家畜はみずから生きる力をもっているのである。アフリカで行われた家畜生産に関する調査報告の一例が「畜産の研究」という雑誌に掲載されているが、とても興味深い記述がある。「基本的な家畜の飼育方法は、昼間は放牧され、夜は囲いに入れられる。数百年つづいた伝統的な形態で、自然の摂理に任せきっていた。例えば、どの牛が妊娠していて、いつ出産するかにも気づいていない農民が多いことに驚かされた」。このような文章を読むと、家畜の能力を信じ、それに依存して生きる人たちがいることを実感するとともに、家畜のたくましい生命力にも感心する。

さらに私は、家畜の能力と特性をアニマルテクノロジーの力によって最大限に活かすことが大切であると考える。そのことによって、困難な状況のなかでも家畜の生産を可能にできる。少し想像してみよう。道端、川岸、田畑などには雑草が生えている。その雑草を家畜が食べる。夜になれば、木陰などで休息する家畜が目に浮かぶ。家畜の数を制限することは必要であろう。また、きびしい風土では、このような想像に修正を加えることが必要かもしれない。しかし、いま私たちは、多様な家畜をもっている。ゆるやかな管理の下でヒトに危害を加えることなく育ち、おとなしく、病気にかかりにくい体質をもつ家畜をもっている。生産性はあまり高くないかもしれない。しかし、適切な家畜を選び、適切にアニマルテクノロジーを応用することによって、確実に家畜の生産物を手に入れることができる。

家畜生産と教育

家畜飼育が成功するには、いくつかのカギがある。家畜には、みずからの力で生きるたくましい能力があるが、適切に家畜を飼育するには、アニマルテクノロジーの知識と知恵を理解することが必要である。知識と知恵を活用し、情熱をもって家畜飼養が行われるならば、必ず成功するだろう。いま、困難な状況において、情熱をもって家畜を飼い始める技術者の養成が必要である。

アニマルテクノロジーの教育は、わが国では、大学、国、都道府県、農協、企業などで行われている。そのなかで基礎的な教育は、大学の農学部の畜産学科や獣医学科を中心に行われている。遺伝子組換えや細胞操作をともなうアニマルテクノロジーが進展し、それを教育するカリキュラムが増え、講議や実習内容も変化してきている。畜産学科については、学科の名称も変更され、動物資源科学科や応用動物学科など畜産学科とよばない大学も多い。しかし、そのなかでも畜産学科の理念と実績は継承され、アニマルテクノロジーの知恵と知識について教育が行われている。それらは細分化されながらも、ひとつの体系をなしている。獣医学科においても、家畜の疾病や病気の予防などが教育されているが、畜産学科や獣医学科の科目を修めた学生は、家畜を個体や個体群として理解し、経営学の知識ももち、実際に家畜生産を動かしうる能力をもつことが期待されている。さらに、国や都道府県のもつ試験場の教育機能と大学を一体化することにより、世界の困難な現場で働く、力強い技術者を育てることができるだろう。

一方、困難な状況下においてアニマルテクノロジーの技術指導のできる技術者の養成も必要である。技術にくわしいだけでなく、明瞭で簡潔な指導が行え、技術を受け入れる人々の意識にも配慮して指導する技術者が必要である。

ここに興味深い取り組みがある。アジア、アフリカでの例である。いままでに、アジアやアフリカで多くの技術指導が行われてきた。しかし、期待どおりの成果が得られることは多くなかったという。このことに対する反省がなされるようになっている。期待どおりの成果が得られなかったひとつの理由として、家畜を飼う人々の心にまで踏み込んだ指導が行われなかったことが指摘されている。知識や知恵を、一方的に押しつけるのではなく、家畜を飼う人々にいくつかの方法を伝え、そのなかから自分たちにとってもっとも適した方法を選択することを可能にする。このようなことにも精通した技術者の養成が、求められているのである。

2　家畜生産の試練と魅力ある畜産業の創成

いま、家畜生産は試練を受けている。安全性の問題に加えて、水産業との相克、家畜廃棄物による環境汚染などである。これらの試練を乗り越え、魅力ある畜産業をつくりうるかどうか、岐路に立っている。アニマルテクノロジーは、これに対してなにができるだろうか。

水産業との相克

世界の人口は急激に増加している。このような人口増を前にして、一部では食物連鎖の低位のものの食糧化が提案され、その具体化がはかられている。食物連鎖が上位へいくほどエネルギーの損失が大きくなることが、そのような考えの背景にある。このようななかで、家畜の生産物はエネルギー浪費型のようにいわれることもある。実際、畜産物から魚介類に動物性食品の比重を移そうという考えも生まれている。

家畜生産のエネルギー効率は、養殖魚と比較するとやや悪い。一キログラムのウシをつくるのに約七キログラムの穀物が必要とされている。ブタでは一キログラムを増やすのに約四キログラム、養殖魚では、同じように計算すると一キログラムに約二キログラムでよい。そこで魚を動物性タンパク質にし、動物性タンパク質の生産に使う穀物量を減少すべきという意見である。世界の穀物生産が限界に近づいているなかで、二〇五〇年には一〇〇億人にも達すると予想される人々の食糧を確保しなければならない。このようななかでの発想である。

確かに、世界の人口の急増を前にして、緊急避難的な論議としては通用するかもしれない。しかし、ヒトは数千万年にわたって生きてきた。百年や数百年の論理でヒトをしばることはできない。ヒトはヒトとしての食生活上の習性をもって生きており、長い年月をかけて獲得した習性を否定して生きることはできない。

動物生産において、エネルギー消費の効率化は避けられない課題である。家畜のエネルギー効率が悪いからといって、魚類に移行するのは安易な考え方といわざるをえない。一方、栽培漁業を中断して天然漁業に戻そうとする意見もある。栽培漁業を抑制し、天然漁業を推奨した場合、安定した漁獲量を維持し続けるのは困難であろう。さらに、海の生態系を乱さずに、人類の必要とする動物性タンパク質を供給し続けることは不可能である。家畜生産においてエネルギーの効率化の問題に取り組まなければ、水産の課題を解決する糸口はみつからないと私は考える。緊急避難的な主張によって、本質的な課題解決がストップするのは望ましいことではない。

排泄物と環境汚染

畜産業が繁栄した結果、家畜から排出される廃棄物（ガス、糞尿など）の量は、莫大なものとなっている。当然のことながら、このような排出されるエネルギーは、環境汚染の原因になる。家畜は飼料を大量に摂取し、肉や乳などを生産するとともに、大量の糞と尿も排泄する。舎飼いがさかんになるとともに、一カ所で飼育する頭数が増えるに従い、家畜の糞尿の取り扱いがアニマルテクノロジーの責任となりつつある。飼養頭数が少なく、飼料を生産する草地や農耕地が隣接していれば、糞尿を肥料として散布することも可能でリサイクルも成り立つが、頭数が増えると糞尿の処理は不可能となる。家畜の糞尿をリサイクルするには、家畜飼養頭数を制限するなど、頭数と飼料の生産面積のバランスをとることが必要である。しかしながら、国のレベルでみた場合、家畜の飼料の多くを輸入に依存するわが国などにおいては、元来、家畜糞尿のリサイクルは不可能である。

ここに深刻な調査結果がある。わが国で一年間に排泄される家畜の糞尿は、九四四一万トンで、これをわが国の農耕地に散布すると、窒素量に換算して全国平均で一年間に一ヘクタールあたり一四六キログラムとなる。化学肥料としての窒素の使用量は、全国平均で一年間に一ヘクタールあたり約一〇〇キログラムである。これを合わせると、地下水の窒素濃度を一〇ppm以下にするために求められる上限値の一年間に一ヘクタールあたり二五〇キログラムに近づく。さらに畜産業のさかんな地域でみると、糞尿の発生量がすでに農耕面積の許容量を超えている地域もある。こうしたなかで糞尿とどのようにつきあえばよいか、緊急の課題になっている。

土壌の養分と太陽の光によって飼料となる植物は成長する。飼料となった植物は家畜の体と排泄物になり、排泄物は土壌に蓄積する。このことからわかるように、飼料の輸入とは土壌の養分の輸入でもある。土壌のことを考えると、糞尿を飼料生産国に戻すことが望ましい。すなわち、糞尿処理を世界的な規模でとらえ、世界的に解決することが必要である。私は、そのような考えを強く打ち出すことが、わが国における家畜糞尿問題の解決にとって重要であると考えている。しかし、家畜の糞尿は扱いづらいものである。糞尿そのものの輸出は、多くの情緒的批判を浴びるだろう。汚水処理や脱臭などによって、衛生的で臭いもなく、保存が可能で、運搬にも適した肥料にすることがまず必要だろう。そして、それによって輸出が可能になり、世界レベルでの土壌の健全な維持が成り立つことになる。

廃棄物の資源化

都道府県には家畜の生産について試験研究を行う畜産試験場があるが、ここでは糞尿の資源化が大きな研究課題になっている。いま都道府県の畜産試験場では、一五〇以上もの研究課題が実施されているが、そのうち半数以上は糞尿の悪臭対策と堆肥化に関するものである。この事実からもわかるように、家畜の糞尿処理がわが国の家畜生産において解決すべきもっとも重要な課題となっている。研究者、技術者に抜本的解決の期待が寄せられている。

一方、堆肥以外の資源化に成功した技術もある。燃焼材料、熱分解ガス、石油、メタンガス（バイオガス）として利用する方法である。このなかで燃焼材料とメタンガスについてはすでに実用的なレベルに達している。このような技術が進めば、国内でのリサイクルが可能となり、糞尿は貴重な資源となるだろう。

わが国の畜産業にとって、リサイクルが必要なのは糞尿にとどまらない。生産-加工-市場流通-消費という食品流通システムのなかで発生する廃棄物に対する取り組みも必要である。廃棄量の削減、汚染回避に加えて、ここにおいても廃棄物の資源化が必要である。一例をあげれば、家畜が屠殺される市場では、多くの廃棄物が生じる。血液、脂肪、汚水に加えて毛や骨も廃棄物となる。一方、骨や毛は、利用はされるものの、必要量にはかぎりがある。このような廃棄物を家畜の飼料として利用するため、いわゆる「肉骨粉」がつくられ、リサイクルが行われてきた。廃棄物の資源化として成功したかにみえたが、飼料に混ぜられた肉骨粉が原因でBSEを発生する事態となった。草食動物であるウシに「肉骨粉」を与えたのは邪道であると強い批判を浴びてしまった。しかし、廃棄物を有用な資源にする発想は、資源の乏しいわが国においては重要なものである。私は、弱めてはいけない発想であると考える。抜本的な解決策を生み出す技術の誕生が期待される。

家畜生産における美の創造

いま、家畜の排泄物や廃棄物が深刻な環境汚染源になっている。また、食糧としての安全性に不安がもたれている。これを解決しなければ家畜生産の将来はない。しかし、これらの問題を解決する技術の芽は誕生している。排泄物や廃棄物の持続的なリサイクルがなされるとともに、安全な食糧を生産するシステムに近づくことができるだろう。私はそう考えている。

このようなことが実現したとしても、家畜生産は人々の熱い支持を得る産業に変身するために、さらなる努力が必要である。人々の心に響く産業を目指すアニマルテクノロジーの開発が重要になる。清潔で豊かな社会が誕生したわが国では、人々は多様な価値観をもつとともに、人間としての生活の質を問うようになっている。このような状況のなかで産業の形態も否応なく人々の心に適応したものに変化せざるをえなくなっている。一方、人々の意識変化に対応できない産業からは、急速に人々の心は離れてきている。

豊かさは心に余裕を与え、真に欲するものを求める力を与える。人々の感性はより洗練されたものになり、努力や評価がより普遍的価値のあるものに向けられている。私は、その普遍的価値のひとつに美意識があると考える。すなわち、人々は美しさに価値を見出し、美を創造することを誇りにしている。汚水や臭気を排出し、大気や河川を汚染する牧場の評価は低い。乱雑に配置され、緑もなく、周囲に違和感を与えるような色彩の畜舎も、人々から敵対的にみられることはあっても、けっして高い評価は得られない。高い評価を得るには、美しいと感じる要素を増やし、醜い要素を減らし、美しさを感じさせる産業に変身することが必要である。また、そのような努力を続けることが人々の心に響く産業に脱皮することにつながるだろう。

家畜生産において、醜さを除き、畜舎や牧場の景観のなかに美しい要素を増やすには、どうしたらよいだろうか。放置された糞尿、廃棄物は醜さの象徴である。社会の誇りうる産業になるには、家畜の糞尿や廃棄物を畜舎などに放置せず、適切に処理することがどうしても必要である。そして、そのことは家畜を清潔に飼育する発想につながるだろう。一方、家畜生産を営む人々にとっても、その作業現場が清潔で美しいことが望ましい。そうでなければ、家畜生産に多くの人々の心をひきつけ、そこで働きたいという人たちの数を増やすことはできない。このような考えを具体化する技術、とくに建物のなかの清潔さ、排泄物の適切な処理など、醜さの除去を推し進める技術の飛躍的発展が求められているのである。

どのようなものを美しいと感じるかは、人それぞれで異なるかもしれない。また、美しさは、どのような距離でみるかによっても異なるであろう。遠くからみた場合（遠景）と近くでみた場合（近景）の美しさを考える必要がある。このような二つの美しさの要素を増やすことが、美しい印象を強めることにつながる（図6・1）。美しさの要素がなにであるかを知り、どのようにしてその要素を充実するか、すなわち、美の創造が課題となる。遠くからながめる風景には、最近では飛行機や人工衛星からみる風景もあるが、その場合、美しさを感じさせるものは配置と色彩である。畜舎の設計においては、労働のしやすさ、技術導入のしやすさのみならず、とくに美しさを意識して、配置や色彩を考える努力が必要である。美しさを感じる心は、人それぞれといわれるものの、人類共通のものもあり、風土や民族によって育まれたものもあるといわれる。このような心をふまえ、家畜生産現場のすみずみにまで美しさを充実させるときにこそ、家畜生産は社会の誇りうる産業として認知され、産業として確固とした基盤を獲得することができるだろう。このような課題に取り組むことも、アニマルテクノロジーに求められている。

図 6.1　家畜飼育の風景（オーストラリア）．上：遠くからながめたヒツジ，中：運動場のまんなかにおかれた乾草を食べるウシ，下：畜舎のなかの子ウシ．清潔でのどかな風景．

家畜生産と心の悩み

家畜生産やアニマルテクノロジーを担う者には解決できない悩みがある。それは家畜をいかに大切に育てたとしても、ほとんどの場合、時期がくれば家畜を殺さなければならないからである。すなわち、家畜生産は家畜を殺すことを前提に成り立っている。屠殺の方法にあらゆる研究成果を取り入れ、できるだけ恐怖と苦痛を与えないように絶えず改良しなければならない。このことは、すでに多くの人々によって指摘されているところである。アメリカでは、食用家畜について一九五八年に「人道的家畜屠殺法」が成立している。この法は、苦痛を与えずに家畜を屠殺することは家畜を殺すことに要するコストを軽減し、家畜の屠殺に従事する労働者に安全で良好な作業環境を与え、さらに畜産物の品質の劣化を防ぐことにつながるとの考えに立つものである。これは「人道的家畜屠殺」が経済効率からしても優れていることを示している。しかし、恐怖と苦痛を与えないで殺したとしても、殺すことに変わりはない。

家畜の存在がヒトの心を複雑にし、ヒトをより洗練したヒトに進化させたことを先に述べた。アニマルテクノロジーが進化しつつある現代にあっては、家畜はより重要な問題をヒトに提起することだろう。生存し続けることへの生物の願望は強い。生存が善であるのが生物社会の倫理である。しかし、家畜、とくに食糧としての家畜は、どのように強く生存を願望しようと、その寿命をまっとうすることはできない。死の場所へ着くや、その生命は確実に終わる。死体は処理され、食卓にのぼる。食物連鎖のなかで生きる不条理である。家畜を飼い続けるかぎり、ヒトはこの不条理から逃れることはできない。不条理から逃れようとして家畜飼育をやめることができるだろうか。逃れてヒトに未来は開けるだろうか。

漢字の「美」を分解すると羊が大きいとなる。羊についてはさまざまな解釈があるようであるが、今道友信博士によれば「犠牲」を意味し、「美」は大きな犠牲を示す文字となる。払うべき犠牲が己自身も滅びるほど大きいところに、美を意識した人々の感性が推察される。そのような感性は人間の行動をも律したであろう。羊（家畜）の死に美を意識した発想が、「犠牲」をもとにしていることは銘記すべきことである。家畜がヒトの美意識にまで影響するものであることも、心にとどめるべきである。

家畜の死に心理的な抵抗感を覚える人は少なくない。家畜の死をみてかわいそうにと思うのは人情である。家畜はその姿や行動の多くがヒトに類似し、その殺生はヒトの死を思い起こさせる。また、死を恐れるのはヒトの常であるが、家畜の死は、死を恐れる感情を刺激する。家畜の死に多少の嫌悪感をもちつつも、人間の生存が家畜などの生命の犠牲の上に成り立っていることを自覚し、沈黙したり、理屈で感情を抑えようとするのが多くの人々の姿勢であろう。このようなことに対して、アニマルテクノロジーはなにができるだろうか。畜産学や獣医学における家畜の死のとらえかたは、あまりにも技術的、あるいは生物学的であり、また、研究者は人間の感情や思想にかかわる問題について論議することを躊躇している。そのようなアニマルテクノロジーにおける姿勢が、人々に家畜の死に対

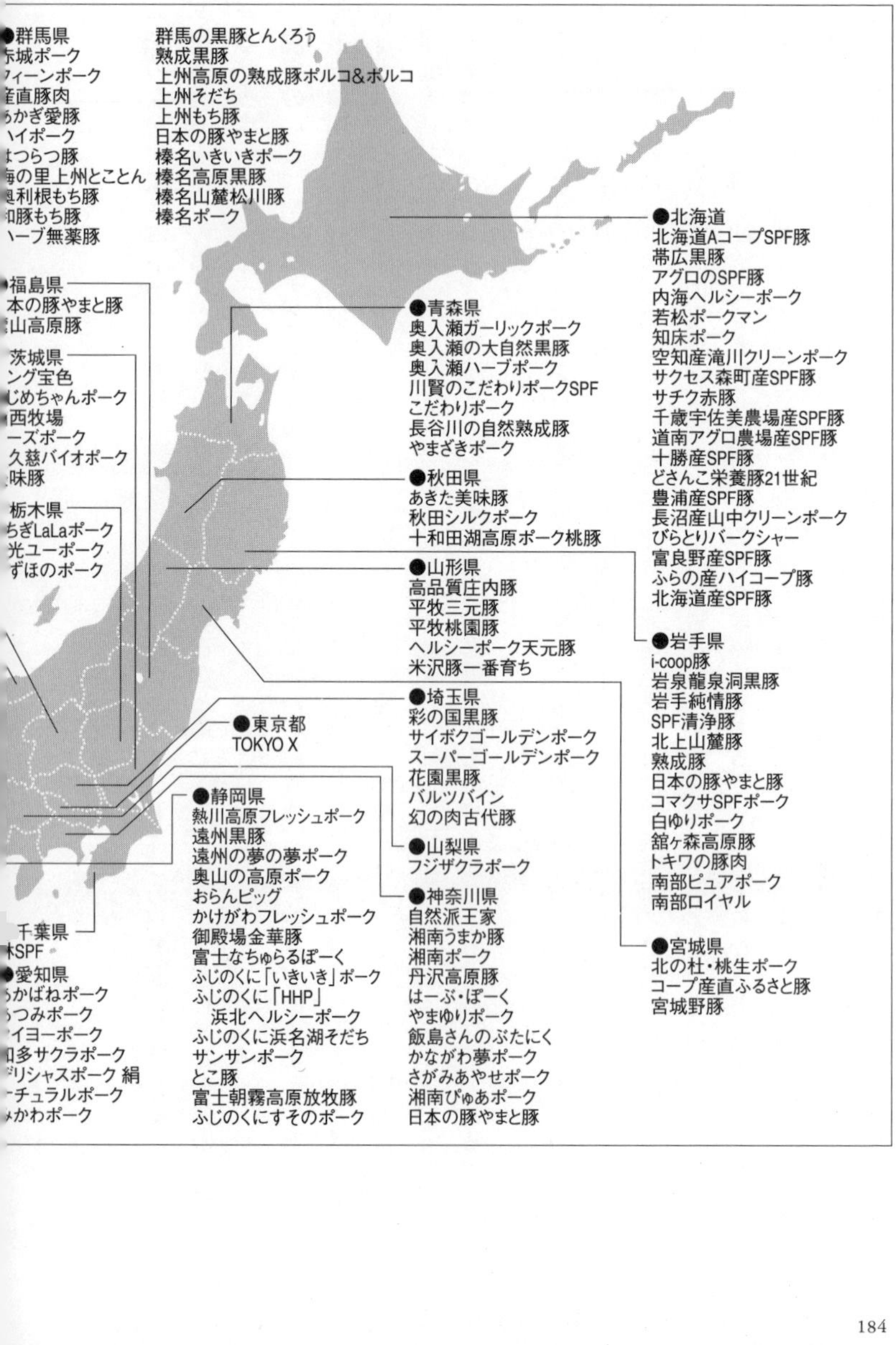
●群馬県
赤城ポーク
ウィーンポーク
産直豚肉
ちかぎ愛豚
ハイポーク
はつらつ豚
梅の里上州とことん
奥利根もち豚
和豚もち豚
ハーブ無薬豚
群馬の黒豚とんくろう
熟成黒豚
上州高原の熟成豚ポルコ&ポルコ
上州そだち
上州もち豚
日本の豚やまと豚
榛名いきいきポーク
榛名高原黒豚
榛名山麓松川豚
榛名ポーク
●福島県
本の豚やまと豚
山高原豚
茨城県
ング宝色
じめちゃんポーク
西牧場
ーズポーク
久慈バイオポーク
味豚
栃木県
ちぎLaLaポーク
光ユーポーク
ずほのポーク
千葉県
SPF
●愛知県
かばねポーク
つみポーク
イヨーポーク
多サクラポーク
リシャスポーク 絹
ーチュラルポーク
かわポーク
●東京都
TOKYO X
●静岡県
熱川高原フレッシュポーク
遠州黒豚
遠州の夢の夢ポーク
奥山の高原ポーク
おらんピッグ
かけがわフレッシュポーク
御殿場金華豚
富士なちゅらるぽーく
ふじのくに「いきいき」ポーク
ふじのくに「HHP」
浜北ヘルシーポーク
ふじのくに浜名湖そだち
サンサンポーク
とこ豚
富士朝霧高原放牧豚
ふじのくにすそのポーク
●青森県
奥入瀬ガーリックポーク
奥入瀬の大自然黒豚
奥入瀬ハーブポーク
川賢のこだわりポークSPF
こだわりポーク
長谷川の自然熟成豚
やまざきポーク
●秋田県
あきた美味豚
秋田シルクポーク
十和田湖高原ポーク桃豚
●山形県
高品質庄内豚
平牧三元豚
平牧桃園豚
ヘルシーポーク天元豚
米沢豚一番育ち
●埼玉県
彩の国黒豚
サイボクゴールデンポーク
スーパーゴールデンポーク
花園黒豚
バルツバイン
幻の肉古代豚
●山梨県
フジザクラポーク
●神奈川県
自然派王家
湘南うまか豚
湘南ポーク
丹沢高原豚
はーぶ・ぽーく
やまゆりポーク
飯島さんのぶたにく
かながわ夢ポーク
さがみあやせポーク
湘南ぴゅあポーク
日本の豚やまと豚
●北海道
北海道AコープSPF豚
帯広黒豚
アグロのSPF豚
内海ヘルシーポーク
若松ポークマン
知床ポーク
空知産滝川クリーンポーク
サクセス森町産SPF豚
サチク赤豚
千歳宇佐美農場産SPF豚
道南アグロ農場産SPF豚
十勝産SPF豚
どさんこ栄養豚21世紀
豊浦産SPF豚
長沼産山中クリーンポーク
びらとりバークシャー
富良野産SPF豚
ふらの産ハイコープ豚
北海道産SPF豚
●岩手県
i-coop豚
岩泉龍泉洞黒豚
岩手純情豚
SPF清浄豚
北上山麓豚
熟成豚
日本の豚やまと豚
コマクサSPFポーク
白ゆりポーク
舘ヶ森高原豚
トキワの豚肉
南部ピュアポーク
南部ロイヤル
●宮城県
北の杜・桃生ポーク
コープ産直ふるさと豚
宮城野豚

●福岡県
糸島豚
博多すぃ〜とん
はかたもち豚
●佐賀県
肥前さくらポーク
●長崎県
大西海SPF豚
自然健康豚
長崎うずしおポーク
雲仙うまか豚紅葉
●熊本県
天草梅肉ポーク
くまもとSPF豚
スーパーポークもっこす
●宮崎県
えびの高原豚
えびの産黒豚
尾鈴豚
観音池ポーク
霧島黒豚
高千穂
はざまのきなこ豚
宮崎ハマユウポーク
宮崎ハマユウポーク かんしょ豚
わかめ豚
●鹿児島県
鹿児島OX
かごしま黒豚
薩摩高原豚
純粋黒豚「六白」
茶美豚
ネオSPF豚
九州もち豚
天恵美豚
南州ナチュラルポーク
●沖縄県
あぐ〜豚
寿豚
琉球長寿豚
琉球ロイヤルポーク
琉寿豚
琉美豚
●愛媛県
朝霧ポーク
クィーンズハイポー豚
新風味豚
ネッカ豚
ふれ愛媛ポーク
●山口県
鹿野高原豚
山口高原豚
●京都府
京都ぽーく
●岐阜県
飛騨けんとん・美濃けんとん
美濃ヘルシーポーク
●滋賀県
蒲生野フレッシュポーク
●鳥取県
東伯SPF豚
●岡山県
美星豚
おかやま黒豚
●広島県
豚皇
●新潟県
朝日豚
越後もち豚
くびき野黒豚
しうんじパイオニアポー
熟成豚
しろねポーク
つなんポーク
妻有ポーク
妻有ハーブぶた純生
妻有ハーブ健康豚
ニホンカイポーク
ぼくじょうちゃんポーク
深雪餅豚
八海山麓健康豚
ヨツバポーク
●富山県
とやまポーク
●長野県
駒ヶ岳山麓豚
純味豚
信州ポークSPF豚
信州ポークぐるめ豚
信州野豚
信州放牧豚
信州ポークみゆき豚
信州ポーク蓼科山麓豚
●石川県
石川県産豚
●福井県
ふくいポーク
●奈良県
奈良産豚肉 ヤマトポーク
●徳島県
阿波ポーク
●香川県
讃岐夢豚
●三重県
伊賀豚
鈴鹿高原豚
松坂豚
みえ豚
三重クリー ポーク

図 **6. 2**　各都道府県で造成されている銘柄豚（2003 年 3 月調査）.

する感情を洗練する機会を与えず、家畜を殺すことを忌諱する思想を許す原因となっている。人々の心を深く支配している思想と対峙する努力が続けられてこそ、家畜の死はたんなる醜ではなく、嫌悪感をよび起こすだけのものでもなく、より洗練された思想を生み出す力になるだろう。現代のアニマルテクノロジーは、このような思想体系にも責任がある。

家畜による文化の創造

ヒトの楽しみはさまざまであるが、美食も楽しみのひとつである。家畜が生み出すものを食べることも楽しみである。雑食という食性の本能に突き動かされた楽しみかもしれない。いま、わが国では、それぞれの地域の風土に根ざした家畜を生み出す努力がなされている。肉牛では、神戸牛、松阪牛などが昔から有名であるが、私の住む東北地方には、前沢牛、米沢牛、あるいは仙台牛など、新しい呼び名のウシが登場している。銘柄牛とよばれ、美食を追求する業者によって取り引きされているが、ウシだけでなく、ブタでも銘柄豚肉をつくる動きがある。図6・2に、わが国の銘柄豚二〇八例を紹介するが、いずれも生産者の意気込みとそれぞれの地域の特徴を表す名称になっている。酒やワイン、あるいは米にも銘柄があるように、家畜にも銘柄が誕生しつつある。

ヒトは生きるために食事をする。しかし、豊かになった人々にとって食事はただ食べ、エネルギーを摂取するだけのものではない。また、みた目の美しさ、おいしさを追求するにとどまらない。食材を生み出した地域の文化に思いをはせ、それを話題にするとき、食事は深い広がりのある行為となる。

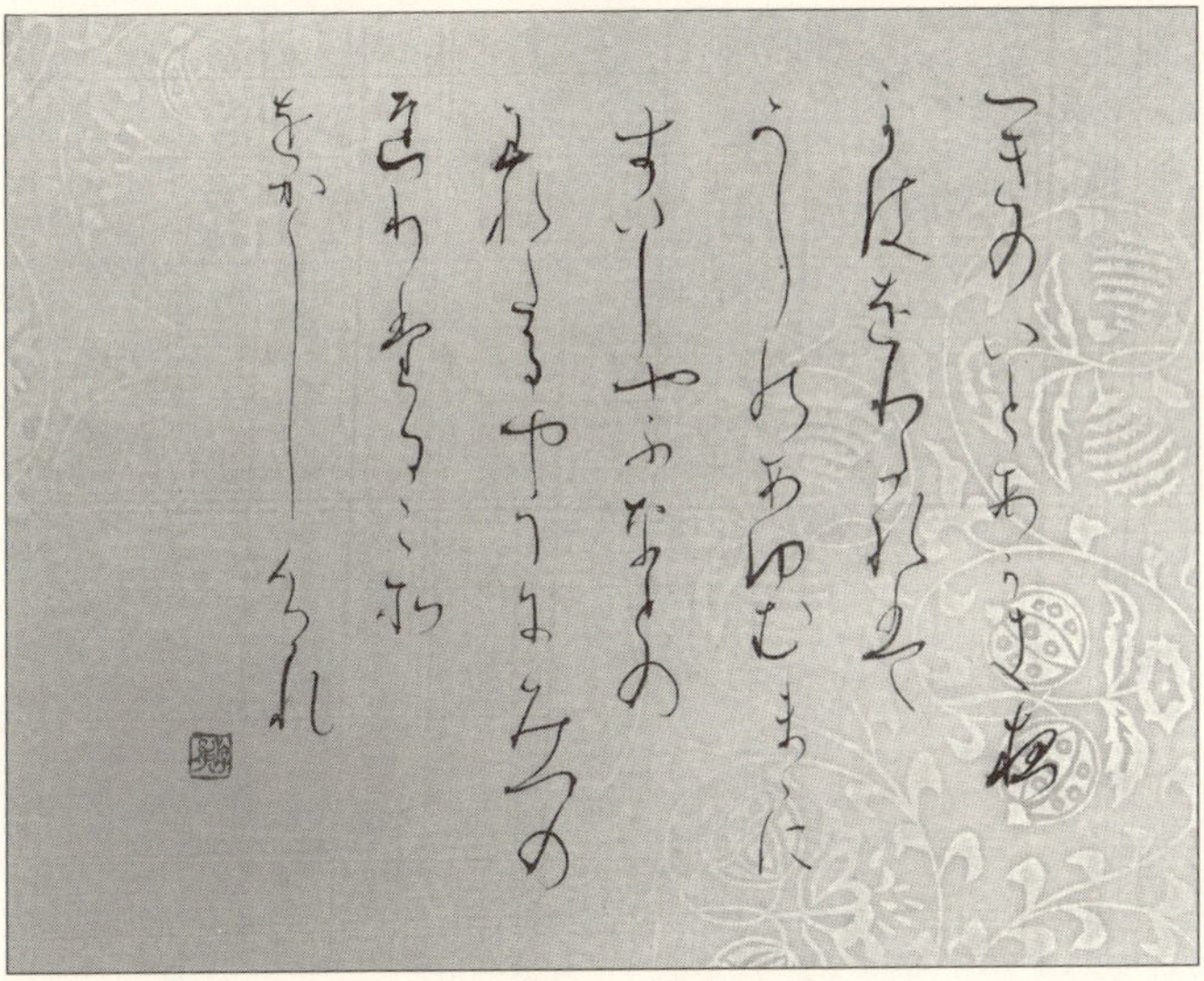

図 6.3 「枕草子」で詠まれたうたの書（佐藤遊舟書）．「つきのいとあかき夜　かはをわたれば　うしのあゆむままに　すいしょうなどの　われたるようにみづの　ちりたるこそ　おかしけれ」といううた．

私は、食材に地域の特徴や文化を強く反映することが、食材の価値を高め、さらに料理人によって食材の特徴と文化的背景を活かした料理を生み出すことが食事の意味を深めると考える。家畜の生産物に、どのようにして地域の特徴と文化を表すか、家畜生産にかかわる人々の知恵が求められている。

一方、家畜を題材にした絵や彫刻をみかけることが多い。また、詩、短歌でも家畜を詠ったものも多い。随筆や小説にも家畜について記述されている。私は、このようななかから「枕草子」の一節を書にして研究室に飾っている（図6・3）。国際シンポジウムなどで外国人研究者を招待したときには、このような書を記念品として贈呈している。内容を説明すると、日本の文化や地域の特徴をよく理解してもらえる。このような書をきっかけとして、家畜のありさまについて議論になることもある。私は、今後も家畜を表現する詩や随筆を大切にし、家畜による文化の創造の道を求め、家畜生産物に地域の特徴と文化を込める方法を探りたいと考えている。

3　アニマルテクノロジーの挑戦

技術に話を戻そう。飢餓・栄養失調、環境汚染、家畜の病気についての研究は、いま人々がアニマルテクノロジーに切実に求めているものである。また、美意識や家畜を殺すことの悩みなどをふまえてアニマルテクノロジーを推し進めることは、より洗練された家畜生産を行うために必要なことである。さらに、アニマルテクノロジーの研究者には、技術としてフロンティアを切り拓くことにも期待が寄せられている。第3章で家畜の胚の遺伝子診断、体細胞クローン、受精可能卵子の大量生産、遺伝子改変について紹介したが、今後、これらの技術はどのように推移するだろうか。

研究のフロンティア

胚の遺伝子診断、とくに性の判定技術は、すでに正確で簡便なものとなっている。X精子とY精子の分離においても、信頼性ある技術が登場している。このような技術は、今後、より精度の高いものに改良されるだろう。そして、分離したX精子、Y精子を用いて、雌雄の産み分けを行う日が訪れるに違いない。雌雄の産み分けは家畜生産になくてはならない技術となるだろう。

さらに、遺伝子診断は、大きな技術に成長するだろう。精子や卵子は、そのつくられる過程で遺伝子を組換える。つまり精子や卵子の遺伝子は、正確にはそれぞれを生み出した親の遺伝子とは同じではない。また、受精により両親の遺伝子がペアを組むが、その組み合わせによって、子どもの形質が決まる。親よりも優れた形質を示すこともある。一方、期待に反する子どもが誕生することもある。このようなことから、子どもの遺伝子をできるだけ早く知り、その個体が成熟したときの形質を推測することは家畜生産において重要なことである。すでに卵子の体外成熟・体外受精・体外培養技術（IVMFC）が普及している。今後、家畜の遺伝子の解析が進み、形質を決定する遺伝子の情報が増加するとともに、それぞれの個体の遺伝子診断も可能となる。そして、このような遺伝子診断技術は改良され、IVMFCでつくられた胚の遺伝子診断を可能とする日がくる。すなわち、遺伝子診断により胚を選抜し、優れた個体となる胚だけが仮親へ移植され、子どもになる時代がくる。両親の形質や遺伝子から子どもの形質を推しはかるのではなく、胚の段階で、その遺伝子から形質を正確に予測するのである。このような技術は今後、急速に進展し、家畜生産に応用されるだろう。

一方、IVMFCと受精可能な卵子を大量に生産する技術がドッキングし、優良な雌の生み出す卵子を有効に使う技術も進展するだろう。優れた家畜の生殖細胞を使って家畜の改良・増殖をはかる研究は、受精可能卵子の大量生産を可能にすることによって、畜産業において大きな力を発揮するようになる。

このようなＩＶＭＦＣとドッキングした胚の遺伝子診断や受精可能卵子の大量生産に関する技術は、家畜のもつ潜在的価値をヒトの力により引き出す技術であることから、家畜の生産物を食する消費者にも受け入れられ、産業に定着する技術となるに違いない。

一方、体細胞クローンはどうなるだろうか。ミルクを年間に一万キログラムも二万キログラムも出すウシがいる。このような優良な家畜の体細胞クローン技術によるコピーの大量生産は、優良家畜の増産においてきわめて有効なものである。家畜生産に大きなインパクトを与える技術である。しかし、食糧としての家畜の生産にどこまで大きな影響を与え続けるか、未知数の部分もある。現在の体細胞クローン技術の大きな問題は自然界では誕生しえない家畜をつくりだすことにある。ミトコンドリアの置換技術が完成し、核移植に用いる細胞のミトコンドリアと卵子のミトコンドリアの由来が一致するようにする技術が開発されるかどうかが、体細胞クローンが社会に受け入れられるかどうかの大きな岐路となるだろう。さらに、安全性について明確な証明が必要である。前述したように、「クローンヒツジ」を誕生させたウイルムット博士が、すべての体細胞クローンは異常であると警告している。このような異常なものを食糧とする積極的な理由はどこにあるか、明確な論理が求められている。

フロンティアを切り拓く複数の理念

アニマルテクノロジーは遺伝子改変家畜を生み出した。このような遺伝子改変家畜は大きな可能性をもっているが、その生産物が食卓に上る日は、たとえくるとしても遠い将来になると予想される。このような遺伝子改変家畜は食糧生産の場ではなく、医療の分野に進出し、医薬品の生産やヒトへ移植可能な臓器生産などの分野で生き続ける技術として、大きく成長するものと思われる。このことは食糧生産を基盤として発展してきたアニマルテクノロジーが、新しい強固な領域を生み出すことを意味している。新しい領域でどのようになっていくのか、アニマルテクノロジーの存在感が試されるときであり、勝負のときでもある。

さらに、アニマルテクノロジーは野生動物の保護・増殖にも存在感を発揮するようになった。また、第3章で述べたように、基礎生物学の進展にも深い影響をもつようになってきた。このような流れは今後、より加速するだろう。そして、近い将来、アニマルテクノロジーの進むべき道は分岐し、複数の理念のもとで研究が進められることになるだろう。食糧生産という一本道を歩んできたアニマルテクノロジーの理念が、みずからの進展によって新しい領域を開拓したのである。複数の理念のもとでどこまで進めるか、アニマルテクノロジーを担う研究者の能力が試されるときである。

家畜から離れた生命体

アニマルテクノロジーは、家畜個体のみならず、培養液のなかで生き続ける生命体をつくる方向にも向かっている。個体の死を超えて生きながらえるために、生物は生殖細胞を必要とする。雌雄の性をもつ高等動物では、受精により生命を更新し、次世代に引き継いでいる。すなわち、精子と卵子の

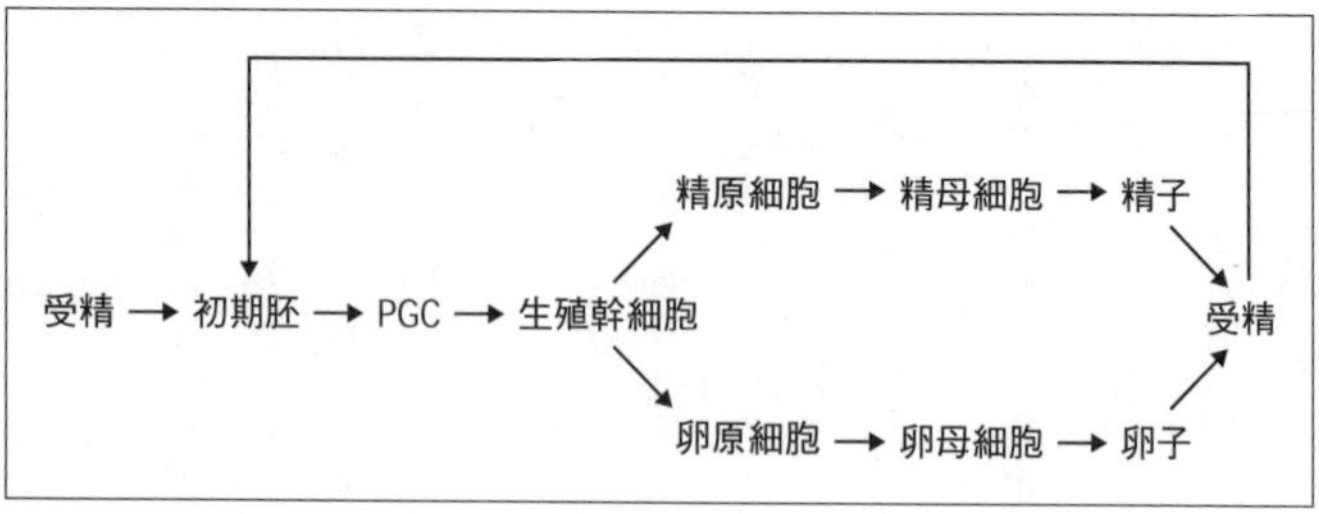

図 6.4　不死の流れをもつ生殖細胞系列.

合体により胚をつくり、さらに始原生殖細胞を誕生させる。始原生殖細胞は生殖腺に移動し、精子や卵子をつくる。精子と卵子は受精し、つぎの世代をつくる。このような流れは、現在のところ、個体の力を借りてしか維持することはできない。これを体外で再現できるようになれば、個体を超えて生存し続ける生命体をつくることができる（図6・4）。このようなことが可能になれば、新しい応用分野を開拓できる。

たとえば、家畜の後代検定に利用できる。すなわち、家畜の繁殖には年月がかかるので、優良家畜の判定には長い年月が必要である。しかしながら、後代の能力は生殖細胞の組み合わせで決まる。個体を離れた生命体ができれば、任意の組み合わせを何回も行った後、子孫をつくることができるので、有効な生殖細胞の組み合わせの判定が容易に進展する。また、薬剤、環境因子などの検定に際しては、個体への影響のみならず、子孫への影響も解析することが必要である。このような生命体ができれば、数世代のちの世代への影響を迅速に調べることも可能となる。

いま、体外受精、胚や始原生殖細胞の培養、精子や卵子の体外形成が可能になりつつある。このような培養技術がドッキングすることにより、培養系のなかにも家畜をつくることができるのである。

遠心機牧場

人類誕生の地である地球の外側には、宇宙というとらえきれないほど大きな空間が広がっている。二〇世紀に、人類は地球周辺の宇宙や月に足を踏み入れ、宇宙環境のヒトや動物への影響を解析し始めた。今後は、さらに遠くの宇宙にまで足を伸ばすようになる。そして、宇宙空間の利用が現実の課題となる。

宇宙空間を有効に利用するため、有人の宇宙基地あるいは宇宙工場の開発が進められている。この場合、宇宙基地あるいは宇宙工場で生活する人間が消費するすべての食糧と酸素を地球から輸送すると、膨大な経費が必要となる。そこで、宇宙の現地に地球に似た生態系をつくり、そのなかで人間が自給自足を行うことも計画されている。宇宙空間で自給自足を行うためには、ガス（大気）の循環システム、水の浄化循環システム、食物連鎖を成立させるための排泄物分解処理システムなどが必要となる。このようなシステムでは、動物（人間を含む）・植物・微生物を組み合わせ、これらの生物に必要な物質の循環が滞りなく行われるような制御が必要になる。このようなシステムは「閉鎖生態系生命維持システム」、あるいは「制御生態系生命維持システム」とよばれている。このようなシステムをつくるには、環境汚染をもたらさない、動物（人間を含む）排泄物の処理技術をつくりだすことなどが求められている。これらの技術開発には、アニマルテクノロジーの知識と技術が活かされるようになるとともに、アニマルテクノロジーにも大きな影響を与えることになるだろう。

一方、宇宙空間の特徴のひとつに、微小重力（ほぼ無重力）環境がある。動物に対する微小重力の影響が調べられ、動物生産技術の開発に影響すると思われる事実も明らかにされている。ラットやサルなどに対する微小重力の影響を調べた実験をみると、機能や部位によって微小重力に対する応答が異なる。宇宙空間で長期に動物を飼育するために人工重力発生装置が開発されている。旧ソ連の人工衛星コスモス六九〇では、搭載した遠心機のなかでラットを飼育する実験が行われている。この遠心機は、地球上の重力に等しい人工的な重力をつくりだすように設計され、人工重力によって微小重力の生体組織に及ぼすマイナスの影響を軽減することができることが明らかにされている。また、遠心機のなかでニワトリを飼育した例によれば、過重力（二G）負荷で骨の強度が増し、筋の重量も増加することが示されている。このようなことから、遠心機牧場など新しい動物飼育施設が構想されている。

アニマルテクノロジーの知的挑戦

よく話題になるように、ヒトは今後、化石エネルギーの枯渇、食糧不足など、いくつかの深刻な課題に直面すると予測される。しかし、このような課題を乗り越える科学技術は、必ず誕生するだろう。私は、ヒトにとっての深刻な課題は、そのような問題ではなく、その精神にあると考える。物質面で豊かになったヒトが自己崩壊せず、たとえ世代が交代するとしても、それぞれの世代が心震わせながら、強く生き続けることができるだろうか。

私は、科学技術における不断の未知への知的挑戦が、ヒトの精神を活性化し、倦むのを防ぐと考える。研究者は、それぞれが心震わす研究課題をかかげる必要がある。アニマルテクノロジーの分野においても、心震わす課題を設定し、そのような課題解決に向けて挑戦することが、ヒトが健康に生き続けることに貢献するだろう。知的なフロンティアをもち続けることにより、ヒトが知的に倦むことを防ぐだろう。研究者のみならず、人々が知的フロンティアへの挑戦を話題にするとき、ヒトの未来永劫の生存が保証される。科学技術は成果のみが重要なのではなく、その行為そのものも重要なのである。今後、科学技術はそのように認識され、推進されるようになるだろう。私は、そのような科学技術のひとつとしてアニマルテクノロジーは人類に必須のものと考える。

それでは、アニマルテクノロジーはフロンティアをもち続けることができるだろうか。ヒトと動物の関係の歴史をみれば、ヒトの知的展開の節目に家畜があった。食物連鎖の頂点に立ったヒトは、その知恵によって動物を家畜化し、さらに品種を生み出し、技術を誕生させ、地球上に、ヒトにとって都合のよい大きな家畜集団をつくりあげてきた。一方、心かよう家畜をもつことによって、そして、それを殺さなければならないことによって、ヒトは不条理を知り、複雑な心を誕生させた。アニマルテクノロジーにおいては、このような不条理を知った複雑な心をもって、新しいフロンティアに挑戦するのである。アニマルテクノロジーの先には、果てしない道が続いている。このようなことから私は、アニマルテクノロジーは、未来にわたってヒトの精神を活性化し続けるであろうと確信しているのである。

おわりに

アニマルテクノロジーの誕生、展開、広がり、未来について紹介した。家畜生産・飼養という牧歌的な産業が、多くの技術によって動かされ、さらに新しい技術をつぎつぎに生み出していることを知ってもらいたいと考え、この本を執筆した。また、生命を殺めることを目的とする産業を支える現実といかにつきあい、これからのアニマルテクノロジーを進展させるかについても私の考えを述べた。私の意図を理解していただければ幸いである。アニマルテクノロジーに興味をもち、畜産学や獣医学に目を向ける方々が少しでも多くなればと期待もしている。

いま、アニマルテクノロジーを動かす研究者の裾野も広がってきている。農学部で畜産学や獣医学を修めた研究者はもちろん、そのような科目を修めたことがなく、他の領域で教育を受けた研究者がアニマルテクノロジーの研究を志すようにもなっている。私は、サイエンスの世界でアニマルテクノロジーが求心力をもち始めたと感じている。技術や産業の新しい動きが、研究者の動きにも影響を与えているのである。

このような流れをふまえて、私は塩田邦郎（東京大学）、村松達夫（名古屋大学）、眞鍋昇（京都大学）、藤原昇（九州大学）というアニマルテクノロジーの代表的な研究者と相談し、「動物生命科学シンポジウム」という組織を一九九七年に発足させた。「食糧生産・医療・環境修復を担う動物科学の構築」をメインテーマとして活動し、二〇〇三年春までに八回のシンポジウムを開催した。このような組織を核として、私は、アニマルテクノロジーの研究が、生命科学のなかで広く人材を吸収し、存在感を発揮し続けることを願っている。

一方、アジアには、"Asian Symposium on Animal Biotechnology" という組織がある。第一回を仙台で開催し、その後、韓国、中国、日本などで開催してきた。二〇〇二年にはオーストラリアで第六回大会が開かれた。発展途上国においても、アニマルテクノロジーの最先端に興味をもつ研究者が多い。そのようなことから、現在までのところ、シンポジウムでは欧米で行われる内容と重複するものが多くなっているが、私は、飢餓や栄養不良、環境汚染がアジアにおいて深刻な課題となっている現実をふまえ、アジアの現実を直視した課題も取り上げたいと思っている。アジアの現実をふまえた研究と、研究フロンティアの推進の二つとも力強く推し進めることが必要であり、それをどのように実現するか、知恵を出していきたいと考えている。

アニマルテクノロジーは技術のみではない。家畜を殺す心の悩みといかにつきあうか。これに対しても答えが求められている。少し飛躍するが、私はこれを考えるにふさわしい道を知っている。

私が学生時代を過ごした京都には、「哲学の道」とよばれる小道がある。東山の裾野を流れる疏水に沿った道である。かつて京都を代表した哲学者が散策した道である。その端は銀閣寺、南禅寺にも京都大学農学部の四年生は、卒業論文を書くため、研究室へ通い実験をするのが普通であるが、私は大学紛争の影響もあり、研究室へは顔を出さなかった。大学院に入ってはじめて研究というものに触れることになり、附属農場でブタとイノシシを使った実験をすることになった。心を入れ換え、努力した。中国の文化大革命の下放政策が話題になったころで、中国では多くの知識人が都会から農村に派遣され、家畜の世話をしていると聞いていた。私も下放され、ブタの世話をしているのだと思ったこともあった。そして、家畜をみずからの手で殺すことになり、家畜を殺すことについて考えるようになった。

そのようななかで「哲学の道」を歩くようになった。研究室から「哲学の道」にたどりつく道にはいくとおりもの道がつらなるが、歩きまわるなかで、やがて私の心に響く道を発見した。途中で「哲学の道」を歩くことになるので、私はひそかに「新哲学の道」と名づけた。いまも、京都を訪ねると歩く道である。すべて歩き終わるのに一時間ほどかかる。起伏のある道である。

京都大学の農学部の正門を出ると、百万遍から銀閣寺道に向かう今出川通にぶつかる。左手に今出川通に面する吉田山の北参道の入口がみえる。北参道は、ゆるやかなS字を描く、やや急な坂である。坂を登りきると広場となり、右手に、京都大学の本部キャンパスがみえる。左手には竹中稲荷神社の境内が広がる。小さな鳥居が並ぶ参道を下り、道を横切ると宗忠神社の境内に入る。境内からまっすぐな道が、真如堂に続く。春には満開の桜が両側から伸び、回廊をつくる。階段を降り、吉田山荘を左手にみて、真如堂の山門をくぐる。本堂に突きあたり右手にまわると、秋には紅葉に彩られる境内が広がる。これを横切り、会津藩殉職者墓地を左手にみて、すぐに西曇院に入り、ついで左折し、西曇院の山門をくぐる。墓地のなかを直進すると急に視界が広がる。前方には東山が、右手には京都の中心街が、左手には文殊塔がみえる。文殊塔から続く階段を降り、金戒光明寺の境内に入り、本堂のなかに進み、本尊を前にして休憩する。

そして、きた道を少し戻り、文殊塔の階段をみて右折し、岡崎神社へと抜ける。丸太町通を横切り、直進し、一筋目を左折し、琵琶湖から続く疏水と太い通を二本横切ると、その先に若王子神社がみえる。そこがいわゆる「哲学の道」のひとつの端である。哲学の道に入り、疏水にかかる七つめの橋を渡ると、その先に霊鑑寺がみえる。霊鑑寺に突きあたり左折し、細い道を歩くと右手に安楽寺がみえ、法然院が現れる。法然院の境内に入り、山門をみる。ここが私のいう「新哲学の道」の終点である。

法然院、安楽寺など、この道は法然にちなんだ寺が多い。金戒光明寺も法然が修行に励んだ道場である。この道を歩くとき、法然、すなわち浄土宗を強く意識する。そして、その教えをたどれば、浄土宗の開祖である源信の書いた「往生要集」の世界につながる。「往生要集」の教えを思い起こしてみる。そこには「六道」の教えがあり、地獄のこと、畜生のことが書かれている。地獄には、等活地獄、黒縄地獄、衆合地獄、叫喚地獄、大叫喚地獄、焦熱地獄、大焦熱地獄、阿鼻地獄の八つがある。これらはすべて生あるものを殺めたものが行く地獄である。さらに「六道」には畜生道がある。ここでいう「畜」とは家畜の畜ではなく、動物として生きるものすべてをさすようであるが、ここには「こうした類のものは、強弱あい食み、危害を加えあっている。相手を呑みこみ、食い殺し、しばしの間も安穏無事であったためしがない。昼夜をおかず恐怖にうちおののき、爪を磨かざるをえないありさまだ。そのうえ、水を棲みかとする類は漁夫に捕われ、陸に棲む類は猟師の手にかかる危険にさらされている」という文章がある。動物を殺めることにより、ヒトは地獄に落ちる。そして、ヒトにより殺められる動物、すなわち「畜生」もまた、恐怖と苦しみの世界に生きている。食物連鎖の現実である。

「往生要集」の教えが世に広まるなかで、地獄や畜生道の記述が人々に影響力をもつようになった。これは実感する事実である。殺生をさげすみ、さらに殺生する人を差別することも行われてきた。ヒトがヒトの雑食性という本性をもって生きる行為を差別するのである。残念なことである。しかし、私は「往生要集」の文章は、命を殺めることに対する悲しみと命を殺める者に対する同情をふまえて書かれたものではないかと思う。このようなことを思いながら、私は自分自身の殺生について考えた。そして、何年かの後、この分野で研究者として生きていこうと決意した。殺生について考え、地獄を意識して行うアニマルテクノロジーの研究こそが、研究に値すると考えたからである。私は、「新哲学の道」はアニマルテクノロジーにかかわる者の心を研ぎ澄ます道であると思っている。

東京大学出版会からは、二〇〇一年に「アニマルサイエンス 全五巻」が出版されているが、本書はそれに続くものとして執筆したものである。同時に、「アニマルサイエンス 全五巻」も読んでいただければ幸いである。

なお、この本の執筆にあたり、東京大学出版会編集部の光明義文氏に適切なアドバイスをいただいた。また、佐々田比呂志博士（東北大学大学院農学研究科）には、草稿を詳細に読んでいただき助言を得た。長谷川まどか（佐藤遊舟）氏（東北大学大学院農学研究科）には、自身の書を図として使用することを許可していただくとともに、原稿の整理にも協力していただいた。これらの方々に対し、心より感謝申し上げる。

参考文献

青木玲（二〇〇〇）米国の動物福祉法概説、畜産の研究、五四、一一五一－一一五六。

朝日稔（一九八〇）『哺乳動物学入門』培風館、東京。

畦倉実（一九八六）『農の風景——都市と土と緑と』朝日新聞社、東京。

ダーウィン・C（堀伸夫訳 一九六八）『種の起源 上巻』槇書店、東京。

デンベック・H（小西正泰・渡辺清訳 一九七九）『動物の文化史——家畜のきた道』築地書館、東京。

エコノミスト編集部（一九七一）『動物産業』毎日新聞社、東京。

遠藤秀紀（二〇〇一）『ウシの動物学』（林良博・佐藤英明編「アニマルサイエンス②」）、東京大学出版会、東京。

福井豊（二〇〇二）クローン牛と狂牛病、畜産の研究、五六、二三六－二三八。

羽賀清典（二〇〇〇）ふん尿処理と堆肥製造の現段階と展望、畜産の研究、五四、一三二－一三七。

ハーフェッツ・E・S・E（西川義正監訳 一九七〇）『家畜・家禽繁殖学』養賢堂、東京。

ハリソン・R（橋本明子・山本貞夫・三浦和彦訳 一九七九）『アニマル・マシーン』講談社、東京。

平家俊男・中畑龍俊（二〇〇一）ES細胞を用いた再生医療の構築に向けて、Organ Biology, 八、一四三－一五三。

平沢正夫（一九八〇）『家畜に何が起きているか』平凡社、東京。

星元紀（二〇〇一）基礎生物学から見た食問題、学術の動向、二〇〇一年一〇月号、八－一一。

細野明義・鈴木敦士（一九九五）『畜産加工』（新農学シリーズ）、朝倉書店、東京。

石居進（一九九四）希少野生動物の遺伝子の保存と利用に関する研究報告書（平成五年度環境庁委託業務）、早稲田大学人間総合研究センター。

石井幹（一九九九）クローン羊生産技術は受け入れられない、畜産の研究、五三、七〇三-七〇六。

猪熊壽（二〇〇一）『イヌの動物学』（林良博・佐藤英明編「アニマルサイエンス③」）、東京大学出版会、東京。

市川健夫（一九八一）『日本の馬と牛』東京書籍、東京。

入谷明（二〇〇一）『最新発生工学総論』裳華房、東京。

今道友信（一九七三）『美について』講談社、東京。

岩倉洋一郎・佐藤英明・舘鄰・東條英昭編（二〇〇二）『動物発生工学』朝倉書店、東京。

甲斐知恵子（二〇〇〇）新型ウイルスが動物の世界に出現、『地球を救う五〇の提案――農学・二一世紀への挑戦』東京大学大学院農学生命科学研究科編、一二六-一二七、世界文化社、東京。

加茂儀一（一九七三）『家畜文化史』法政大学出版局、東京。

加藤征史郎編（一九九四）『家畜繁殖』朝倉書店、東京。

川崎庸之責任編集（一九八三）『源信』（中公バックス日本の名著4）中央公論社、東京。

勝原文夫（一九七九）『日本風景論序説――農の美学』論創社、東京。

門平睦代（二〇〇一）アフリカにおける畜産開発と農民参加型研究、畜産の研究、五五、四七七-四八〇。

菊地建機（二〇〇二）『マウスのバイオ日記』白峰社、東京。

小林英司（二〇〇二）先端医療と社会の調和――先端医学に従事する者はもう少し社会に目を向けて、Organ Biology, 九、七一-七六。

小林仁・佐々田比呂志・佐藤英明（一九九九）ウシ受精卵の性判別のための迅速ＦＩＳＨ法、J. Mamm. Ova Res., 一六、七七-八一。

木谷裕・関川賢二（二〇〇一）クローン動物作出の現状と問題点、バイオサイエンスとインダストリー、五九、五三-五五。

増井和夫（二〇〇一）家畜の二大疾病と文明論、畜産の研究、五五、六三九-六四〇。

増井和夫（二〇〇一）狂牛病危機からどう立ち直る日本畜産、畜産の研究、五五、一一四九-一一五〇。

松山茂（一九九九）クローン羊生産技術は本当に受け入れられないか、畜産の研究、五三、九〇一-九〇三。

水間豊（二〇〇一）わが国の食肉生産の課題、食肉の科学、四二、三-一六。

水間豊編（一九九一）『畜産の近未来——国際化時代の新畜産ハンドブック』川島書店、東京。

森崇英・久保春海・岡村均編（二〇〇二）『図説ARTマニュアル』永井書店、大阪。

森田浩光・山口峻・内山丈・古川明・會田紀雄・池澤昭人（二〇〇三）飼料の安全性の確保、畜産の研究、五七、五三九-五四二。

森田琢磨・酒井仙吉・唐澤豊・近藤誠司（二〇〇二）『〝家畜〟のサイエンス』文永堂、東京。

森田琢磨・清水寛一編（一九九三）『新版畜産学』文永堂、東京。

森田光夫（二〇〇二）牛の遺伝病への対応について、日本胚移植誌、二四、一三三-一三七。

村田富夫（二〇〇二）少子化・高齢化と畜産農家数の温存、畜産の研究、五六、二三三-二三五。

村田富夫（二〇〇二-二〇〇三）畜産食品の安全・安心に関わる諸課題（一）〜（七）、畜産の研究、五六、九四七-九五一、一〇四九-一〇五三、五七、二八一-二八七、三三九-三四四、四五〇-四五六、五四九-五五五。

村松達夫（一九九六）『動物生産生命工学』文永堂、東京。

中村元編（一九八八）『仏教動物散策』東京書籍、東京。

中村洋吉（一九七六）『獣医学史』養賢堂、東京。

中西喜彦（一九九九）異種間移植にかける夢——遺伝子組換えミニブタからマンモス復活まで、実験医学、一七、三六-四一。

中西喜彦（一九九七）我が国におけるミニブタ開発の現状、アニテックス、一一、四-一一。

波岡茂郎（一九八二）『家畜はいずこへ——ある食肉恐慌論』講談社、東京。

日本家畜人工授精師協会編（一九九八）『家畜人工授精講習会テキスト（家畜人工授精編）』フジプランニング、東京。

日本学術会議（一七期）畜産学研究連絡委員会（二〇〇〇）二一世紀における畜産学、畜産の研究、五四、一―八。

日本食肉消費総合センター（二〇〇三）『銘柄豚肉ハンドブック　改訂版』日本食肉消費総合センター、東京。

西田周作（一九七四）『畜産技術論』農山漁村文化協会、東京。

新田慶治（一九八六）宇宙活動と閉鎖系の生命維持システム、化学と生物、二四、一三―一九。

野澤謙・西田隆夫（一九八一）『家畜と人間』出光書店、東京。

農林水産省農林水産技術会議（二〇〇二）循環する資源としての家畜排せつ物、農林水産研究開発レポート、第三号、一―一三。

大石道夫・宮田満・服部恵子（二〇〇一）先端バイオの先を読む、BioDirect, 三、二―五。

大久保忠旦・豊田裕・会田勝美（一九九六）『動物生産学概論』文永堂、東京。

小野斉（二〇〇一）なぜ、ここまで落ちた乳牛の受胎率、J. Reprod. Dev., 四七、Ⅴ―Ⅸ。

太田祖電・高橋喜平（一九七八）『マタギ狩猟用具』日本出版センター、東京。

佐伯和弘（二〇〇〇）トランスジェニック家畜――最近の進捗状況と商業的利用、日本胚移植誌、二二、一四四―一五二。

酒井仙吉（一九九九）食糧がなくなる――日本の農業を考える（3）及び（4）、畜産の研究、五三、三九一―三九六、四八七―四九一。

鯖田豊之（一九九六）『肉食の思想』（中公新書）、中央公論社、東京。

佐藤英明（一九八七）野生哺乳類研究における軟部形態学の役割、生物科学、三九、一二八―一三四。

佐藤英明（一九九五）畜産業における美の創造――社会美として畜産業が成立するために、山口獣医学雑誌、二二、六一―六六。

佐藤英明（一九九七）近未来の動物バイオテクノロジー、畜産の研究、五一、三―八。

佐藤英明（一九九八）「クローン羊」誕生によって変貌した動物バイオテクノロジー研究のフロンティア、学術の動向、三、四五-四八。

佐藤英明（二〇〇一）クローン家畜の安全性と安全性証明のための課題、学術の動向、六、二〇-二四。

佐藤英明編（二〇〇三）『動物生殖学』朝倉書店、東京。

佐藤英明（一九九八）卵胞発育——血管網による調節、J. Reprod. Dev., 四四、j七一-j八〇。

佐藤英明（一九九八）卵の受精能、Hormone Frontier in Gynecol., 五、二一三-二二一。

佐藤英明・入谷明（一九八二）野生哺乳類への人工授精技術の応用——希少動物保護の観点から、哺乳類科学、四三、三一-三八。

佐藤英明・横尾正樹・木村直子（二〇〇一）ES細胞と生殖医学、Hormone Frontier in Gynecol., 八、二五-三一。

佐藤英明・川原学・小薗井真人（二〇〇一）遺伝子改変ブタ作出技術——体細胞クローンとその関連技術の最近の進歩、Organ Biol., 八、二二三-二二九。

鈴木秋悦・佐藤英明編（二〇〇一）『卵子研究法』養賢堂、東京。

正田陽一（一九八四）『家畜という名の動物たち』中央公論社、東京。

杉本喜憲（二〇〇一）和牛のゲノム解析、平成一二年度「家畜ゲノム国際ワークショップ」開催の記録。

清水隆・佐藤英明（二〇〇三）血管増殖因子を用いる新しい排卵誘発法、化学と生物、四一、二二五-二三一。

シンガー・P（戸田清訳 一九八六）『動物の権利』技術と人間、東京。

高橋周七（一九八八）2Gがニワトリ生体に及ぼす影響、宇宙生物科学、二（Suppl.）、一四-一五。

舘鄰（二〇〇一）『応用動物科学への招待』朝倉書店、東京。

武田久美子（二〇〇一）牛の核移植操作とミトコンドリアDNA変異、畜産の研究、五五、一一九一-一一九四。

田名部雄一（一九九九）飼育集団と自然集団の育種管理のあり方——家畜で得られた知見から、水産育種、二七、六七-八二。

河合雅雄・埴原和郎編（一九九五）『動物と文明』（「講座文明と環境 第8巻」）、朝倉書店、東京。

田中智夫（二〇〇一）『ブタの動物学』（林良博・佐藤英明編「アニマルサイエンス④」）、東京大学出版会、東京。

田先威和夫監修（一九九六）『新編畜産大事典』養賢堂、東京。

津田恒之（二〇〇一）『牛と日本人——牛の文化史の試み』東北大学出版会、仙台。

堤治（一九九九）『生殖医療のすべて』丸善、東京。

辻隆之・中西喜彦（二〇〇〇）組織、細胞供給源としてミニブタの再生医療に果たす役割、バイオインダストリー、一七、三四-四一。

津野幸人（一九七五）『農学の思想——技術論の原点を問う』農山漁村文化協会、東京。

上田実編（一九九九）『ティッシュ・エンジニアリング——組織工学の基礎と応用』名古屋大学出版会、名古屋。

梅原猛（一九六七）『地獄の思想』中央公論社、東京。

バスターク・B（二〇〇一）科学者が激論、実験データ示し「犯罪」と結論、JAMA、二六四、二一-二三。

渡邉誠喜（二〇〇一）動物に関する科学教育の展望、日本畜産学会・関東畜産学会主催公開講演会「これからの人と動物との共存にあたって」要旨集、三九-四八。

山折哲雄（一九九三）『地獄と浄土』春秋社、東京。

山内一也・小野寺節（二〇〇一）『プリオン病——牛海綿状脳症の謎』近代出版、東京。

山内一也（一九九七）『エマージングウイルスの世紀——人獣共通感染症の恐怖を越えて』河出書房新社、東京。

山内一也（一九九九）『異種移植』河出書房新社、東京。

柳京熙（二〇〇一）家畜改良事業団の精液供給の現状と課題、畜産の研究、五五、五四四-五四八。

Okere, C., L. Nelson (2002) Novel reproductive techniques in swine production. Asian-Aust. J. Anim. Sci., 15 : 445-452.

Roberts, R. M. (2001) The place of farm animal species in the new genomics world of reproductive biology. Biol. Reprod., 65 : 409-417.

Sato, E., H. Sasada (1999) Serial culturing technique for germ cell series in mice. Tiss. Cult. Res. Commun., 18 : 155-162.

Sato, E., N. Yoshida, N. Kimura, M. Yokoo, H. Sasada (2001) New frontiers of animal biotechnology in the field of animal reproduction. Asian-Aus. J. Anim. Sci., 14 (Special issue) : 19-27.

Tanabe, Y. (2001) The roles of domesticated animals in the cultural history of the humans. Asian-Aus. J. Anim. Sci. 14 (special issue): 13-18.

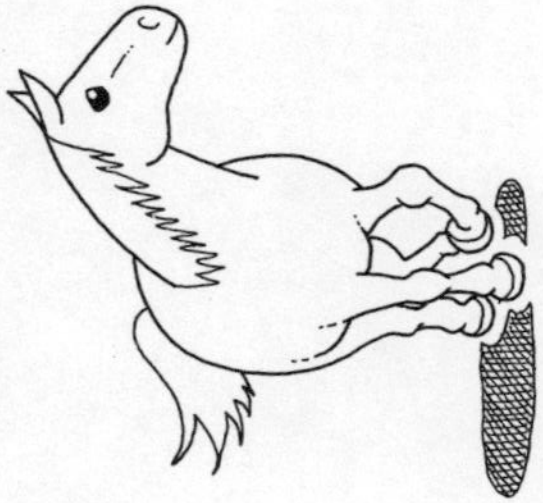

［著者略歴］
一九四八年　北海道に生まれる
一九七一年　京都大学農学部卒業
一九七四年　京都大学大学院農学研究科博士課程中退
現在　東北大学大学院農学研究科教授、農学博士

［主要著書］
『卵子研究法』（編著、二〇〇一年、養賢堂）
『哺乳類の生殖生物学』（分担、一九九九年、学窓社）
「アニマルサイエンス［全五巻］」（共編、二〇〇一年、東京大学出版会）
『動物生殖科学』（編著、二〇〇三年、朝倉書店）

アニマルテクノロジー

二〇〇三年一一月一七日　初　版

検印廃止

著　者　佐《さ》藤《とう》英《えい》明《めい》
発行所　財団法人　東京大学出版会
代表者　五味文彦
一一三-八六五四　東京都文京区本郷七―三―一　東大構内
電話：〇三―三八一一―八八一四
振替〇〇一六〇―六―五九九六四
印刷所　株式会社　精興社
製本所　誠製本株式会社

ISBN 4-13-063322-8

ヒトとともに生きる動物たち

林良博・佐藤英明[編]

アニマルサイエンス

[全5巻] ●体裁：A 5判・横組・平均200ページ・上製カバー装
●定価：各巻3200円（本体価格）

①ウマの動物学　近藤誠司

②ウシの動物学　遠藤秀紀

③イヌの動物学　猪熊　壽

④ブタの動物学　田中智夫

⑤ニワトリの動物学　岡本 新